FUNDAMENTOS DOS PROCESSOS DE RETIFICAÇÃO *CENTERLESS*

Blucher

Luiz Maurício Gonçalves Neto

FUNDAMENTOS DOS PROCESSOS DE RETIFICAÇÃO *CENTERLESS*

Fundamentos dos processos de retificação centerless

Editora Edgard Blücher Ltda.

Publisher Edgard Blücher
Editores Eduardo Blücher e Jonatas Eliakim
Coordenação editorial Andressa Lira
Produção editorial Rafael Cossetti
Preparação de texto Bárbara Waida
Diagramação Roberta Pereira de Paula
Revisão de texto Ana Lúcia dos Santos
Capa Leandro Cunha
Imagem da capa Wilson Cerdeira Maciulevicius e Luiz Otávio Antunes Gonçalves

Blucher

Rua Pedroso Alvarenga, 1245, 4º andar
04531-934 – São Paulo – SP – Brasil
Tel.: 55 11 3078-5366
contato@blucher.com.br
www.blucher.com.br

Segundo o Novo Acordo Ortográfico, conforme 6. ed. do *Vocabulário Ortográfico da Língua Portuguesa*, Academia Brasileira de Letras, julho de 2021.

Dados Internacionais de Catalogação na Publicação (CIP)
Angélica Ilacqua CRB-8/7057

Gonçalves Neto, Luiz Maurício
Fundamentos dos processos de retificação centerless / Luiz Maurício Gonçalves Neto. – São Paulo : Blucher, 2023.
198 p.

Bibliografia
ISBN 978-65-5506-808-5

1. Engenharia mecânica 2. Usinagem I. Título

23-1193 CDD 620.1

Índices para catálogo sistemático:
1. Engenharia mecânica

A duas pessoas que foram fantásticas na minha vida e que hoje encontram-se ao lado do Criador: meu pai, Osvaldo, minha inspiração; e minha querida mãe, Maria, que nunca mediu esforços para que minha formação pessoal, acadêmica e profissional fosse possível.

À minha esposa, Elieide, por seu amor, carinho, compreensão e apoio ao longo do desenvolvimento desta obra, e aos meus filhos, Luiz Otávio, Maria Luiza e Pedro.

Aos meus irmãos, Rômulo, Murilo, Taiza, Osvaldo, Tânia e Teodora, que sempre me apoiaram, vibraram e torceram pelas minhas conquistas. Aos meus tios, primos, sobrinhos, cunhados e sogros, e a todos os meus amigos.

À Dorilene Gonçalves de Souza, que me conduziu ao mundo da leitura, e ao Dr. José Carlos Rodrigues de Jesus, pelas orientações e conselhos.

À M.Sc. Maria Nadurce da Silva, pela oportunidade que me proporcionou para que eu iniciasse meus estudos.

Ao Enderson Damasceno da Trindade (in memoriam), *que durante o curso de graduação me apoiou e me acolheu no momento certo.*

Em especial, ao grande amigo Eduardo Sack, pelo apoio e incentivo ao longo da minha trajetória profissional.

AGRADECIMENTOS

Aos professores e profissionais que mais me incentivaram e inspiraram:

Prof. Dr. Rosemar Batista da Silva, Prof. Dr. Eduardo Carlos Bianchi, Prof. Dr. Lincoln Cardoso Brandão, Prof. Dr. Evandro Luís Nohara, Prof. Dr. Gilberto Walter Arenas Miranda, Rômulo Marcellus Gonçalves, Eduardo Sack, Ph. D. Marcelo Elias de Oliveira, Christian Stricker, M. Sc. Ivã Tibano Chiorato, Matteus Garcia, Dr. Werner Heuer, Roque Roberto Melaré, Adonis Shu Toyota (*in memoriam*), M.Sc. Cristiano Ribeiro, Luccas Fernandes, Wilson Cerdeira Maciulevicius, M. Sc. Hamilton Funes Junior, Francisco Lisboa Junior, Tony Altair de Almeida, M. Sc. Ricardo Rozo Vaz Perez, M.Sc. Ronaldo Ferreira da Costa, Bruno Ricardo Diniz e M. Sc. Ivan Augusto Martins.

Aos profissionais que contribuíram para a revisão desta obra:

Prof. Dr. Rosemar Batista da Silva, Prof. Dr. Lincoln Cardoso Brandão, Prof. Dr. Eduardo Carlos Bianchi e Dra. Lorie Costa da Rocha.

Aos profissionais e especialistas nas áreas de processos de manufatura e ferramentas abrasivas, que contribuíram com informações valiosas:

Marcelo Yuiti Sasaki, Alvaro Slepicka, Nilton Carlos Pinto, Claudinei Ribeiro Sobral, Volker Schmidt, Danilo Marques Valerini, Eneias Pereira, Fábio Macedo, Marcos Marconi, Michael Werner Bulcke, Alex Trabachini, Brás Gregório Perez, Aparecido José de Souza, Márcio Alves de Lima, Christian Awe e Márcio Milani.

Aos amigos que me presentearam com diversos livros sobre tecnologia de materiais, processos de fabricação e usinagem:

Christian Stricker, Taiza Stricker, M. Sc. Ivã Tibano Chiorato, M. Sc. Ricardo Rozo Vaz Perez e Hans-Juergen Doerr.

Aos profissionais que me auxiliaram na elaboração de diversos experimentos nos processos de retificação centerless, *análise e caracterização de materiais:*

Reginaldo Ferreira, Etiene Cândido, Tony Altair de Almeida, M. Sc. Ivã Tibano Chiorato, Júlio César Opuscolo, Renato Collanieri, Carlos Emerson Parede, Marcos Tadeu Ferreira e Luciano Lacerda.

Expresso minha profunda admiração e carinho a todos vocês que contribuíram para que a realização deste sonho fosse possível.

PREFÁCIO

É com muita satisfação e muito orgulho que venho prefaciar esta obra, que aborda um processo de usinagem por abrasão – mais especificamente a retificação sem centros, popularmente conhecida como *centerless* – amplamente utilizado nos mercados automobilístico e metalmecânico, em todas as partes do mundo. O processo de retificação *centerless* é considerado um dos mais complexos, em virtude do grande número de variáveis envolvidas e de outras particularidades na preparação da máquina-ferramenta. Portanto, reunir em uma obra um conjunto diversificado de informações e procedimentos do processo de retificação *centerless* requer, além de um profundo conhecimento teórico, vivência prática industrial em processos de usinagem por abrasão.

Eu e o autor, o Dr. Luiz Maurício Gonçalves Neto, fomos contemporâneos na antiga Fundação de Ensino Superior de São João del-Rei (Funrei) – que se transformou na Universidade Federal de São João del-Rei (UFSJ) –, quando cursávamos Engenharia Industrial Mecânica, no fim da década de 1990. Cerca de 15 anos depois, tive o prazer de compor a banca avaliadora de seu doutorado na Universidade Estadual Paulista "Júlio de Mesquita Filho" (Unesp), campus Bauru (SP), e de saber que ele havia se tornado um especialista em desenvolvimento e otimização de processos de fabricação, principalmente processos de retificação, em uma indústria fabricante de componentes para os setores automotivo e aeroespacial. Desde então, tornamo-nos ainda mais próximos e iniciamos uma parceria com troca de informações, principalmente compartilhando do seu conhecimento em seleção de condições de corte adequadas para a retificação de aços-ferramenta e outros. Essas informações têm sido incorporadas às minhas notas de aula do curso de Engenharia Mecânica, melhorando assim a qualidade das exposições.

Esta obra traz as experiências adquiridas pelo autor durante vários anos de pesquisa em torno dos processos de manufatura, especificamente em relação aos processos de retificação *centerless*. De forma claramente exemplificada, são abordados os diversos tipos de retificadoras *centerless*, suas vantagens e suas aplicações, bem como assuntos de caráter complexo, como o mecanismo de formação do desvio de circularidade na retificação *centerless*, a geração do perfil do vão de retificação e a influência dos parâmetros de ajuste da máquina nos desvios de circularidade de uma peça retificada.

Vale destacar que, seja em seminários ou congressos sobre processos de usinagem por abrasão, seja em aulas sobre processos de usinagem ou mesmo na prática industrial envolvendo os processos de retificação *centerless*, são frequentes as seguintes dúvidas: por que a peça a ser retificada deve estar posicionada fora da linha de centro dos rebolos? Como definir o ângulo da régua de apoio e o ângulo de tangência? Como definir a altura e o ângulo de dressagem? Como ajustar o vão de retificação em função do sobrematerial a ser removido? Como minimizar os desvios de circularidade no processo de retificação? Quais os parâmetros adequados de ajuste de uma retificadora *centerless*? A resposta para essas perguntas e muitos outros assuntos específicos desse tipo de retificação são encontrados de forma bastante detalhada nesta obra.

O livro *Fundamentos dos processos de retificação* centerless é uma obra inédita no mercado nacional, e posso afirmar que ela será recebida com entusiasmo pelos profissionais de usinagem, de funcionários do chão de fábrica e técnicos de usinagem a docentes, discentes e pesquisadores sobre os processos de retificação, sendo um complemento essencial à coleção das obras sobre processos de usinagem por abrasão.

Prof. Dr. Rosemar Batista da Silva

Universidade Federal de Uberlândia

CONTEÚDO

LISTA DE ABREVIATURAS E SÍMBOLOS

α_d	Inclinação do dressador do rebolo de arraste
α_r	Inclinação do rebolo de arraste
β	Ângulo da régua de apoio
δ_r	Ângulo de giro da mesa porta-cabeçote do rebolo de arraste
μ_a	Coeficiente axial de deslizamento
Δ	Desvio de circularidade
Δ_x	Descolamento no sentido do eixo x
Δ_y	Descolamento no sentido do eixo y
θ	Ângulo de contato
ρ	Densidade do fluido (kg/m^3)
ϕ_1	Ângulo de contato: peça-rebolo de corte e peça-régua de apoio
ϕ_2	Ângulo de contato: peça-rebolo de corte e peça-rebolo de arraste
a_{eds}	Avanço radial do dressador do rebolo de corte (mm)
a_{edr}	Avanço radial do dressador do rebolo de arraste (mm)
a_e	Profundidade de corte (mm)
a_{e1}	Profundidade de corte (mm)
a_{e2}	Profundidade de corte (mm)
a_{ed}	Profundidade de dressagem (mm)

b_d	Largura da ferramenta de dressagem (mm)
b_r	Largura do rebolo de arraste (mm)
b_s	Largura do rebolo de corte (mm)
b_{seff}	Largura efetiva do rebolo de corte (mm)
d_r	Diâmetro do rebolo de arraste (mm)
d_s	Diâmetro do rebolo de corte (mm)
d_w	Diâmetro da peça (mm)
$d_{inicial}$	Diâmetro inicial da peça
d_{final}	Diâmetro final da peça
f_d	Avanço axial de dressagem (mm)
F_f	Força de impacto do fluido em uma superfície
f_w	Frequência da peça (Hz)
G	Coeficiente de estabilidade
IT4	Classe de tolerância
IT6	Classe de tolerância
h_a	Altura de referência para ajuste da régua de apoio
h_r	Altura do bloco ao centro do rebolo
h_{cu}	Profundidade prevista de penetração (μm)
h_d	Altura do dressador (mm)
h_{eq}	Espessura equivalente de corte (μm)
h_w	Altura entre centros (mm)
l_w	Comprimento da peça (mm)
l_{we}	Comprimento efetivo da peça (mm)
LSC	*Least Square Center*
MCC	Círculo mínimo circunscrito
MIC	Círculo máximo inscrito
MZC	Círculo mínimo de zona
MQL	Mínima quantidade de lubrificante
n	Número de bocais
n_{ds}	Rotação do rolo dressador /disco dressador do rebolo de corte (rpm)

n_r	Rotação do rebolo de arraste (rpm)
n_s	Rotação do rebolo de corte (rpm)
n_w	Rotação da peça (rpm)
p	Pressão (N/m^2)
PCD	Diamante policristalino
P_c	Pressão crítica de corte (N/mm^2)
Q	Vazão
Q_{th}	Vazão teórica do fluido na saída do bocal
$Q'w$	Taxa de remoção de material ($mm^3/mm.s$)
q_d	Relação de velocidade
RA	Rebolo de arraste
RC	Rebolo de corte
R_a	Rugosidade
R_t	Rugosidade (μm)
R_z	Rugosidade (μm)
r_r	Raio do rebolo de arraste
r_s	Raio do rebolo de corte
t	Tempo (s)
t_c	Tempo de ciclo
t_0	Instante inicial
t_1	Instante de aproximação do rebolo com a peça e início da remoção de material
t_2	Instante final do primeiro ciclo de retificação (desbaste)
t_3	Instante final da remoção de material (acabamento) e início do *spark-out*
t_4	Instante final do *spark-out*
t_5	Final do ciclo de retificação (recuo do rebolo à posição inicial)
u	Componente do vetor velocidade "$\vec{v}$" (m/s)
U	Número de revoluções da peça
U_d	Grau de recobrimento
v	Velocidade do fluido na saída do bocal (m/s)
v_d	Velocidade axial de dressagem

v_{fadr}	Velocidade axial do dressador do rebolo de arraste (mm/min)
v_{fads}	Velocidade axial do dressador do rebolo de corte (mm/min)
v_{dd}	Velocidade periférica do rolo/disco dressador do rebolo de corte
v_{fa}	Velocidade de passagem da peça (m/min)
v_{fae}	Velocidade real de passagem (m/s)
v_{fs}	Velocidade de avanço do rebolo de corte (mm/min)
v_r	Velocidade periférica do rebolo de arraste (m/s)
v_s	Velocidade periférica do rebolo de corte (m/s)
v_w	Velocidade periférica da peça (m/s)
γ_r	Ângulo de tangência do rebolo de arraste (°)
γ_s	Ângulo de tangência do rebolo de corte (°)
γ	Ângulo de tangência (°)
Z	Número de ondulações
z	Sobremetal
z_w	Volume de material removido
z_s	Volume de rebolo gasto
Al_2O_3	Óxido de alumínio
SiC	Carbeto de silício
cBN	Nitreto de boro cúbico

CAPÍTULO 1
Introdução

A modernização e a inovação dos processos de manufatura, o constante aperfeiçoamento pessoal e profissional, e a definição adequada das variáveis relacionadas aos processos produtivos trazem benefícios concretos para a rentabilidade e a solidez das empresas, em um mercado que se torna progressivamente mais competitivo. Dentre os processos de manufatura existentes, destaca-se a retificação "sem centros", também conhecida como retificação *centerless*, processo de usinagem bastante utilizado na indústria metalmecânica, principalmente para a produção seriada de peças cilíndricas que requerem tolerâncias dimensionais e geométricas de elevada exatidão, combinadas com um ótimo grau de acabamento. A aplicação de metodologias e tecnologias modernas nos processos de remoção de material torna-se, sob essa perspectiva, primordial para inovar os processos, de modo a aumentar a capacidade competitiva em diferentes países e mercados, garantindo a qualidade exigida e uma produtividade elevada, com respeito ao meio ambiente e ao ser humano e redução do custo final do produto.

A idealização deste livro nasceu da percepção da escassez, no Brasil, de referências bibliográficas, como artigos, livros, revistas e jornais científicos, sobre os processos de usinagem por abrasão e, em especial, o processo de retificação *centerless*. Nas áreas produtivas, são comuns dúvidas a respeito desse processo, principalmente no tocante à seleção de parâmetros e ajustes adequados das variáveis envolvidas. A eficiência de um processo de retificação de um certo material de uma peça depende da seleção e da combinação corretas de alguns fatores e vários parâmetros de corte, como rebolo (tipo, estrutura, granulometria, ligante), velocidade de corte, velocidade da peça, profundidade de corte, condições de dressagem, fluido de corte (vazão, pressão e concentração), tipo e posicionamento do bocal para aplicação do fluido de corte e diversos parâmetros de ajustagem de uma retificadora.

A retificação *centerless* é considerada um processo de usinagem complexo em virtude do grande número de fatores e parâmetros que envolve. Assim, é muito comum deparar-se, nas áreas fabris, com a baixa produtividade desse processo, em virtude da falta de domínio tecnológico e de conhecimento a respeito da influência de fatores e parâmetros nas características de qualidade do produto retificado. Em várias situações, presencia-se nas áreas produtivas a definição de muitos parâmetros do processo de retificação *centerless* de maneira empírica, procedimento que, muitas vezes, não resulta na produtividade máxima do equipamento. Desse modo, o propósito deste livro é reunir em um único lugar um conjunto diversificado de informações e procedimentos particulares do processo de retificação *centerless*, de maneira a torná-lo uma fonte indispensável para ajustadores de retificadoras *centerless*, técnicos, engenheiros, estudantes e profissionais que desejam aprender e aprofundar os seus conhecimentos sobre tal processo. Além disso, este livro objetiva fornecer informações necessárias para o entendimento da influência dos principais parâmetros e variáveis nos resultados desse processo, tornando-o mais simples e rentável.

Os tópicos fundamentais, como a classificação e os principais elementos das retificadoras *centerless*, os parâmetros de ajuste, o mecanismo de geração do desvio de circularidade na retificação *centerless*, os diferentes bocais para aplicação de fluidos lubrirrefrigerantes, as estratégias para dressagem do rebolo de arraste e de corte e as diferentes situações apresentadas para solucionar os diversos problemas de qualidade oriundos desse processo, são alguns dos assuntos abordados neste livro. Espera-se que, a partir de sua leitura, os profissionais das áreas de usinagem por abrasão se tornem mais motivados na busca pela obtenção de um processo de retificação *centerless* mais eficiente e de produtos retificados com melhor qualidade. Ademais, que a obra se torne uma fonte de consulta que possa contribuir para o fomento da pesquisa científica em universidades e instituições acerca dos processos de retificação *centerless*.

1.1 CONCEITOS BÁSICOS DOS PROCESSOS DE RETIFICAÇÃO

Processo de retificação é o termo mais comum para se referir aos processos de usinagem que utilizam ferramentas rotativas de corte, geralmente chamadas de rebolos. Os rebolos são compostos por uma quantidade numerosa de grãos abrasivos de elevada dureza, sendo aleatoriamente posicionados e ancorados entre si por um aglutinante (WARNECKE e WESTKÄMPER, 2001; GONÇALVES NETO, 2013). O princípio de ação do rebolo no processo de retificação consiste no desgaste causado pela penetração superficial de inúmeras arestas de corte dos grãos abrasivos na peça, ocasionando a remoção de pequenas partículas de material (cavacos) (BIANCHI, AGUIAR e PIUBELI, 2004), conforme demonstrado na Figura 1.1. De acordo com Malkin e Guo (2008), os grãos abrasivos são mais duros que o material da peça a ser retificado.

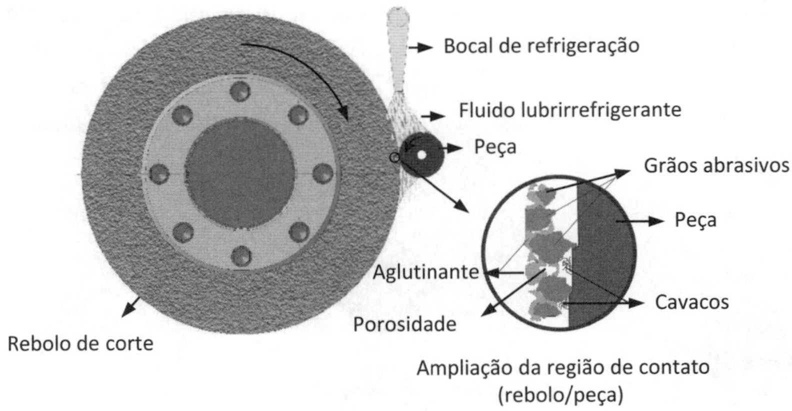

Figura 1.1 – Representação esquemática da ação dos grãos abrasivos na peça durante a retificação.

Fonte: adaptada de Gonçalves Neto (2013).

Conforme Bianchi, Aguiar e Piubeli (2004), durante o processo de retificação, um elevado consumo de energia é necessário para realizar a remoção de material. A quantidade de energia requerida no processo de retificação depende principalmente da relação das grandezas cinemática e geométrica entre o rebolo de corte e a peça, bem como da especificação do rebolo de corte e do fluido lubrirrefrigerante utilizados (WINTER, 2016). As grandezas cinemáticas e geométricas relacionadas aos processos de retificação *centerless* serão apresentadas detalhadamente no Capítulo 3.

A remoção de material por partículas abrasivas é um dos mais antigos processos de usinagem, utilizada para definir as características de qualidade superficial das peças retificadas. Geralmente, os processos de retificação são empregados quando as caraterísticas geométricas e de rugosidade de um componente não são alcançadas em outros processos de fabricação, como os de torneamento e fresamento. No processo de retificação, o cavaco gerado é extremamente pequeno, motivo pelo qual as superfícies dos componentes usinados apresentam ótimo acabamento e tolerâncias dimensionais estreitas, que normalmente não podem ser obtidas por outros processos convencionais de usinagem (MALKIN, 1989; MARINESCU *et al.*, 2004; VIEIRA *et al.*, 1999).

No ramo metalmecânico, os processos de retificação geralmente definem a precisão e a qualidade superficial dos trabalhos, encerrando a etapa da fabricação de um componente (DINIZ, MARCONDES e COPPINI, 1999). Dessa forma, o valor agregado ao material nessa fase é elevado em virtude das etapas antecedentes de produção, como torneamento, furação, fresamento, tamboreamento, tratamentos térmicos, dentre outras. Assim, é de grande valia manter uma atenção especial na definição adequada dos parâmetros e nos procedimentos de ajuste desse tipo de processo, para que se atinjam melhores indicadores de produtividade.

Os processos de retificação envolvem diversas variáveis que devem ser combinadas simultaneamente, de maneira adequada, a fim de promover o seu bom desempenho, ou seja, para que resultem uma melhor qualidade do produto retificado e menores custos de fabricação (GONÇALVES NETO, 2008). Está representada na Figura 1.2 uma estrutura da relação simultânea entre as principais variáveis de entrada, as variáveis envolvidas no processo de remoção de material e os resultados obtidos na retificação.

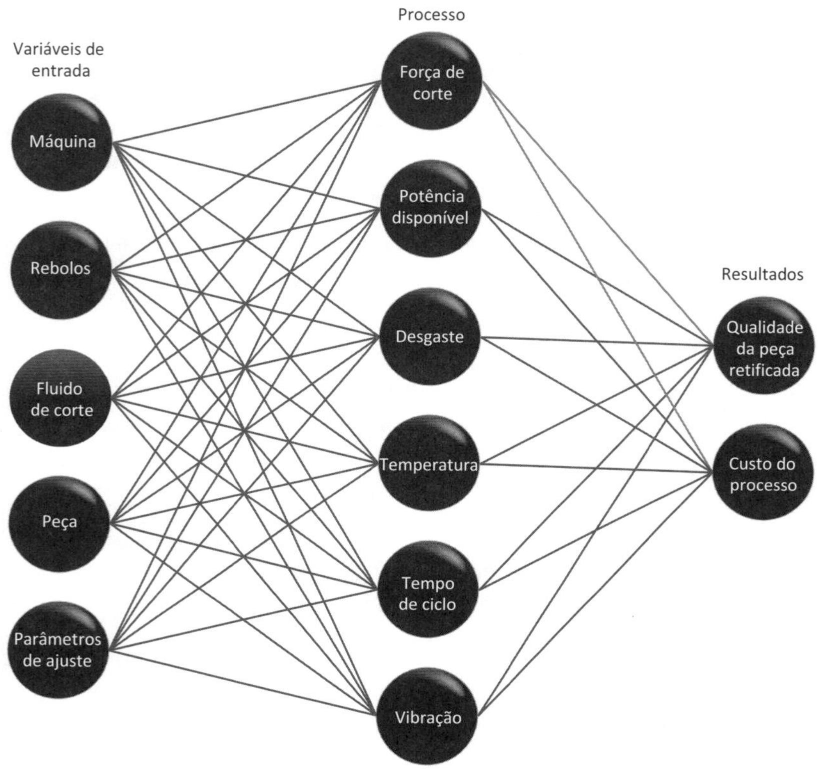

Figura 1.2 – Principais variáveis relacionadas aos processos de retificação.

Fonte: o autor.

Conforme a Figura 1.2, as variáveis de entrada do processo de retificação estão relacionadas a: tipo de máquina utilizado; tipo e especificação das ferramentas de corte (rebolos); tipo, características e propriedades químicas do fluido de corte utilizado na lubrirrefrigeração da peça; sobremetal do material; e condições da peça a ser retificada. Também estão relacionadas aos parâmetros de ajuste de uma retificadora.

Durante o processo de retificação, são levados em consideração a força de corte necessária para remover material, as potências disponível e consumida da máquina, o desgaste dos componentes da máquina (decorrente do processo), a temperatura gerada tanto no equipamento como na zona de corte, o tempo de ciclo de retificação e os fenômenos indesejáveis no processo, como a vibração e a deformação elástica dos componentes da máquina-ferramenta.

No que tange aos resultados de um processo de retificação, estes estão relacionados aos aspectos tecnológicos e econômicos do processo. A consideração tecnológica diz respeito às características de qualidade da peça retificada, como desvios de circularidade, rugosidade, isenção de danos termomecânicos (queima de retificação), cilindricidade, ondulação, dentre outras. Quanto aos aspectos econômicos, são levados em consideração o tempo dos ciclos de retificação e os custos de fabricação.

Existem no mercado diversos tipos de retificadoras, desenvolvidos para possibilitar a retificação das mais variadas configurações e geometrias de componentes. Conforme Machado *et al.* (2015), as retificadoras são classificadas de acordo com a superfície a ser usinada (cilíndrica externa, cilíndrica interna ou plana) e com o movimento relativo entre a peça e o rebolo (mergulho, longitudinal ou de passagem). A seguir, serão ilustradas as principais operações de retificação utilizadas nos segmentos da indústria metalmecânica.

1.1.1 RETIFICAÇÃO CILÍNDRICA EXTERNA ENTRE CENTROS

Neste processo, a peça é mantida apoiada entre pontas, as quais rotacionam a peça durante a retificação. O sentido de giro da peça em relação à rotação do rebolo de corte pode ser discordante ou concordante. A remoção de material pode ser realizada pelo processo de mergulho ou pelo processo de avanço longitudinal do rebolo, conforme representado esquematicamente nas Figuras 1.3a e 1.3b.

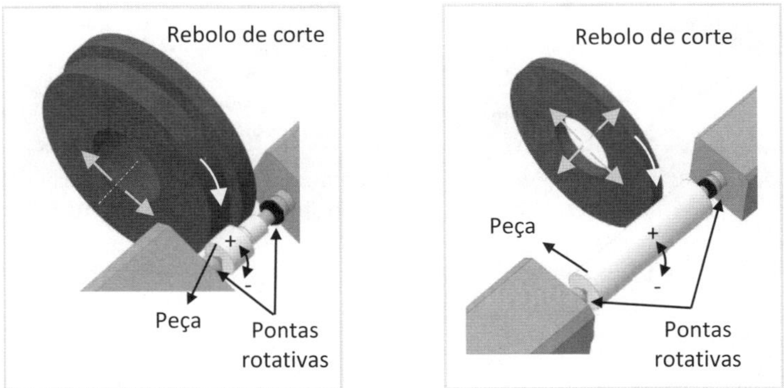

a. Retificação externa de mergulho

b. Retificação externa de avanço longitudinal

Figura 1.3 – Representação esquemática de retificadoras cilíndricas externas entre centros.

Fonte: o autor.

A retificadora cilíndrica externa de mergulho possibilita a retificação de componentes com diâmetros variados e ocorre pelo movimento de avanço em uma direção perpendicular à superfície retificada. Já a retificação externa de avanço longitudinal possibilita o processo em peças longas, sendo a retificação realizada pelo movimento longitudinal do rebolo ou da mesa da retificadora (DINIZ, MARCONDES e COPPINI, 1999).

1.1.2 RETIFICAÇÃO CILÍNDRICA EXTERNA *CENTERLESS*

Neste processo, a peça é posicionada entre dois rebolos e apoiada sobre uma régua de apoio. Durante a retificação, o rebolo de arraste rotaciona e/ou promove o movimento de passagem da peça, e o rebolo de corte é responsável pela remoção de material. A retificação da peça pode ser realizada por mergulho (Figura 1.4a) ou por passagem longitudinal, na qual o rebolo de arraste é mantido inclinado para gerar o movimento de passagem da peça, conforme ilustrado na Figura 1.4b.

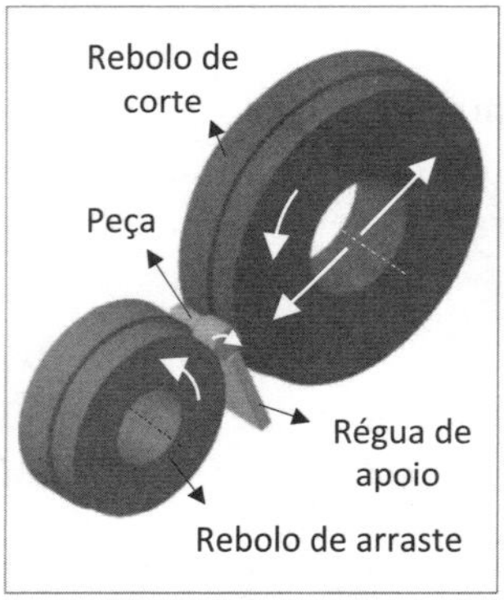

a. Retificação *centerless* de mergulho

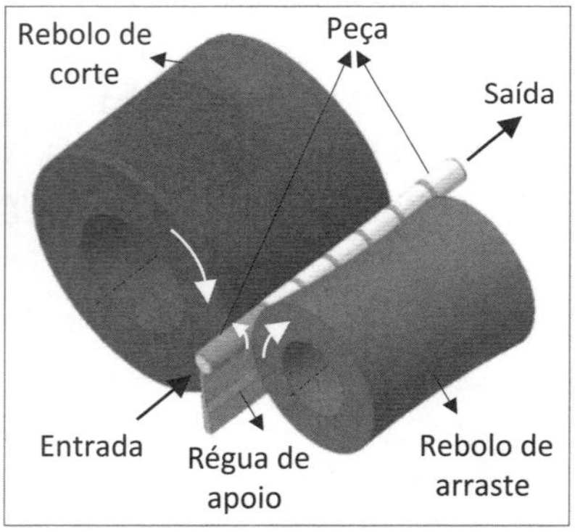

b. Retificação *centerless* de avanço longitudinal ou de passagem

Figura 1.4 – Representação esquemática de retificadoras cilíndricas externas *centerless*.

Fonte: o autor.

1.1.3 RETIFICAÇÃO CILÍNDRICA INTERNA

As retificadoras internas são classificadas como de mergulho ou *centerless*. No processo de retificação interna de mergulho (Figuras 1.5a e 1.5b), a peça é acionada pela placa de fixação, que pode ser tanto por garras como por placa magnética. Na retificadora interna *centerless* (Figura 1.5c), a peça é apoiada, durante a retificação, pelos rolos de apoio e de pressão, e rotacionada pelo rolo regulador.

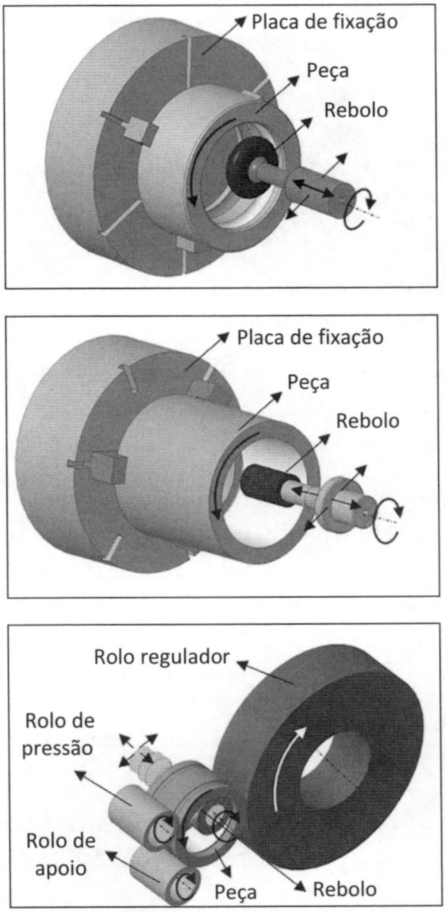

a. Retificação cilíndrica interna de mergulho

b. Retificação cilíndrica interna de mergulho

c. Retificação cilíndrica interna *centerless*

Figura 1.5 – Representação esquemática de retificadoras cilíndricas internas.

Fonte: o autor.

1.1.4 RETIFICAÇÃO DE SUPERFÍCIES PLANAS

As retificadoras de superfícies planas são classificadas como tangencial e frontal. Nas retificadoras planas tangenciais, o eixo do rebolo é paralelo à superfície retificada, e elas são classificadas, conforme Machado *et al.* (2015), em de mergulho e de passagem (Figuras 1.6a e 1.6b). Na retificação frontal, o eixo do rebolo é perpendicular à superfície retificada, conforme ilustrado na Figura 1.6c.

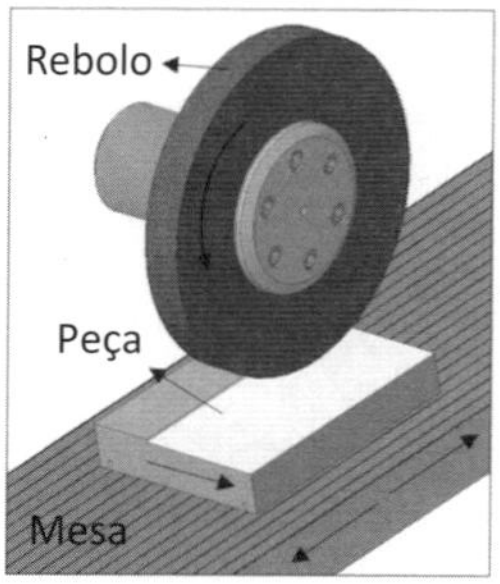

a. Tangencial de mergulho

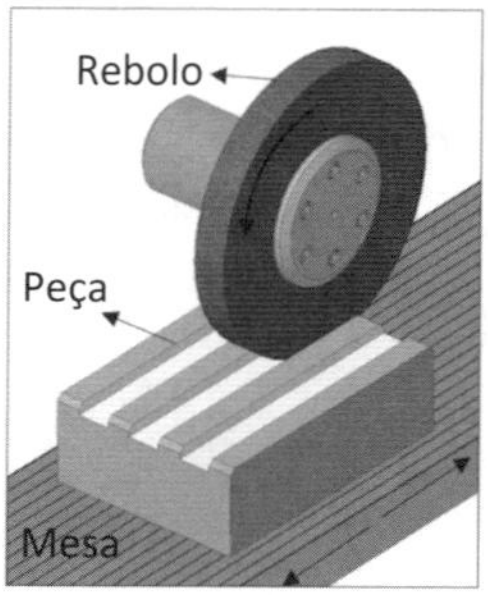

b. Tangencial de passagem

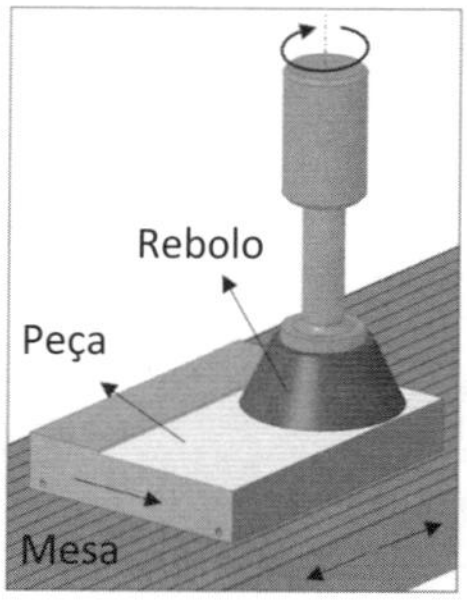

c. Plana frontal

Figura 1.6 – Método de retificação de superfícies planas.

Fonte: o autor.

O processo de retificação plana tangencial também possibilita a retificação dupla de superfícies planas. Esse é um processo desenvolvido para a produção de superfícies planas paralelas em diversos componentes. O método de retificação pode ser tanto de passagem como de mergulho, conforme representado nas Figuras 1.7a, 1.7b, 1.7c e 1.7d.

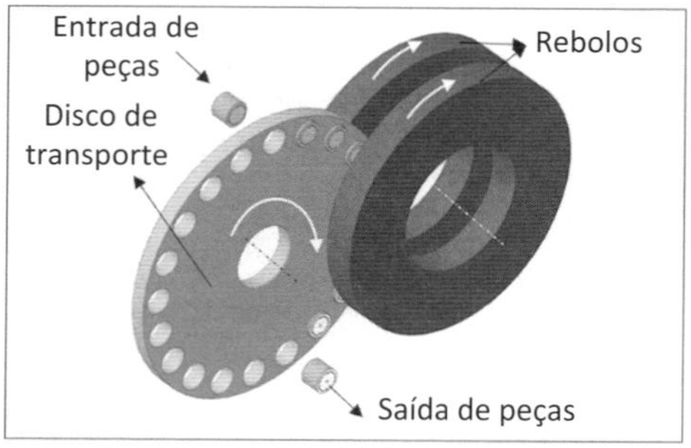

a. Passagem com uso de disco de transporte rotativo

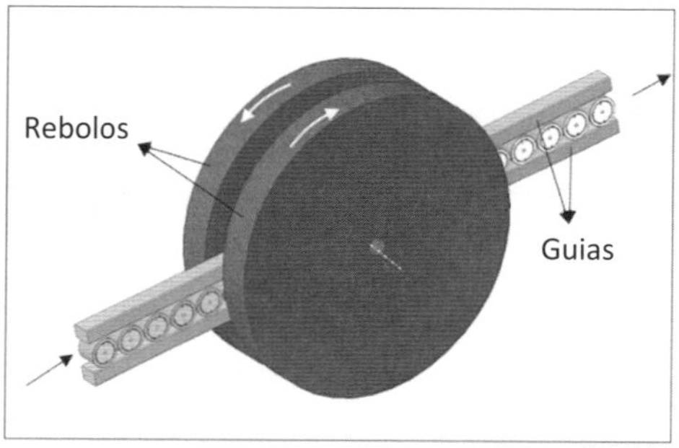

b. Passagem com uso de guias

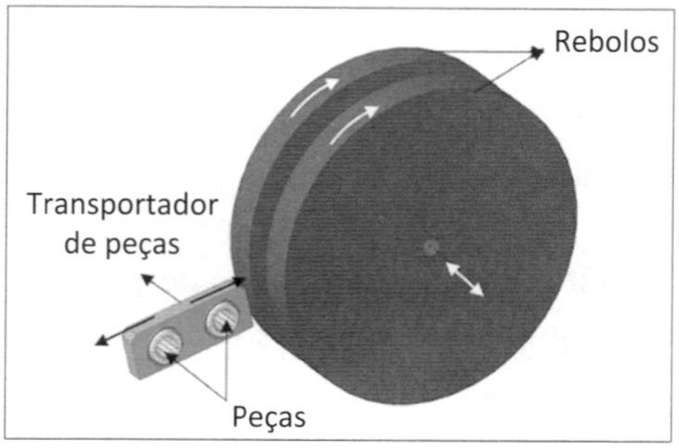

c. Mergulho com transportador de movimento linear

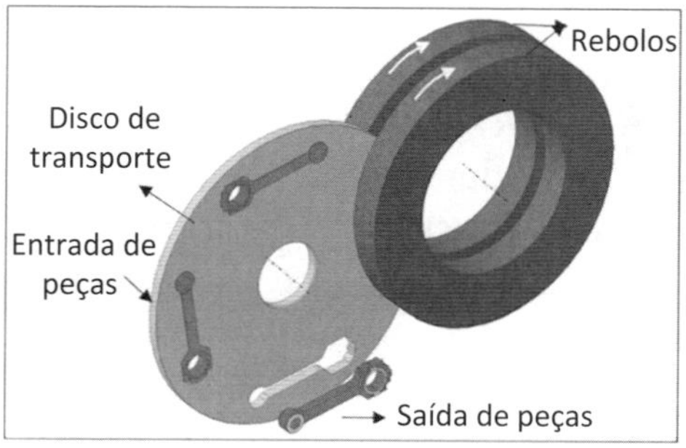

d. Passagem com uso de disco de transporte rotativo

Figura 1.7 – Representação esquemática de retificadoras duplas de superfícies planas.

Fonte: o autor.

Além dos métodos de retificação citados, existem também outras operações específicas, como retificação de engrenagens, de roscas, de eixos entalhados, de esferas, de círculos excêntricos (virabrequins) e de cames.

Pelo fato de este livro tratar especificamente dos processos de retificação *centerless*, não serão realizados comentários de forma detalhada sobre os demais processos de retificação, embora também tenham a sua importância para as indústrias metal-mecânica, aeroespacial, automobilística, siderúrgica, médico-odontológica, cerâmica, eletroeletrônica, entre outras.

CAPÍTULO 2

Introdução aos processos de retificação *centerless*

Este Capítulo oferece uma introdução aos processos de retificação *centerless*, abordando desde os primeiros conceitos até as mais modernas formas construtivas de retificadoras *centerless* utilizadas atualmente no mercado. Esta abordagem inicial é fundamental para se entender a aplicação desse equipamento e auxiliar na seleção adequada de uma retificadora *centerless*.

Toda a nomenclatura e a simbologia específicas dos processos de retificação *centerless*, bem como os principais componentes e as diversas variáveis envolvidas, são claramente exemplificadas. Destacam-se também as vantagens e as desvantagens de cada tipo de operação de retificação *centerless* conforme as diferentes formas de aplicação. Além disso, são apresentados de forma detalhada a utilização, os tipos, os materiais, a espessura e o ajuste da régua de apoio. O Capítulo se encerra destacando os principais sistemas de medição automática de peças utilizados nas retificadoras *centerless*.

Retificadora "sem centros" ou *centerless* é o nome dado a uma máquina-ferramenta para a retificação do diâmetro de peças. Nesse método de retificação, utilizam-se dois tipos de rebolos, conforme ilustrado na Figura 2.1. O rebolo de corte é responsável pela remoção de material; já a função do rebolo de arraste depende do tipo de processo: de mergulho ou de passagem. Na retificação de mergulho, o rebolo de arraste promove o movimento de rotação da peça, e na retificação de passagem, além de rotacionar a peça, ele promove o movimento de passagem da peça no vão de retificação. Para isso, o rebolo de arraste deve ser inclinado. A combinação entre a inclinação e a velocidade periférica do rebolo de arraste gera uma componente de velocidade da peça no sentido longitudinal, promovendo a velocidade de passagem da peça pelos rebolos.

Diferentemente da retificação cilíndrica externa, em que as peças são mantidas entre pontas rotativas durante o processo, na retificação *centerless*, as peças são simplesmente apoiadas sobre uma guia de altura regulável (régua de apoio), localizada entre os rebolos de corte e de arraste, conforme ilustrado esquematicamente na Figura 2.1 (SHAW, 1996; GONÇALVES NETO, 2013).

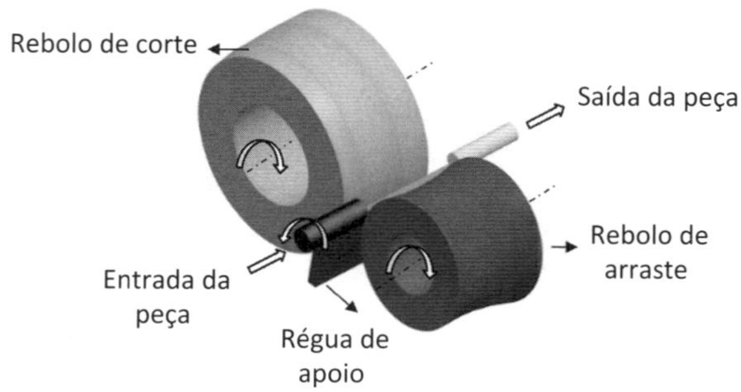

Figura 2.1 – Representação dos rebolos e da régua de apoio em uma retificadora *centerless* de passagem.

Fonte: o autor.

De acordo com Hashimoto *et al.* (2012), a primeira retificadora *centerless* foi desenvolvida por Lewis R. Heim, em 1917. O equipamento foi destaque dentre os processos de retificação e recebido com entusiasmo pela indústria, por proporcionar elevada produtividade e maior precisão. Atualmente, esse tipo de equipamento é largamente utilizado pelas indústrias automobilística e metalmecânica, principalmente para produção seriada de peças cilíndricas.

Até se chegar ao modelo de retificadora *centerless* utilizado atualmente, vários modelos foram concebidos. Segundo Slonimski (1956), o primeiro conceito de uma retificadora *centerless* utilizava a face do rebolo de corte para remover material e um suporte para posicionar a peça, conforme a Figura 2.2a. Em seguida, foram testados outros modos de retificação com a utilização do diâmetro do rebolo para a remoção de material (Figura 2.2b).

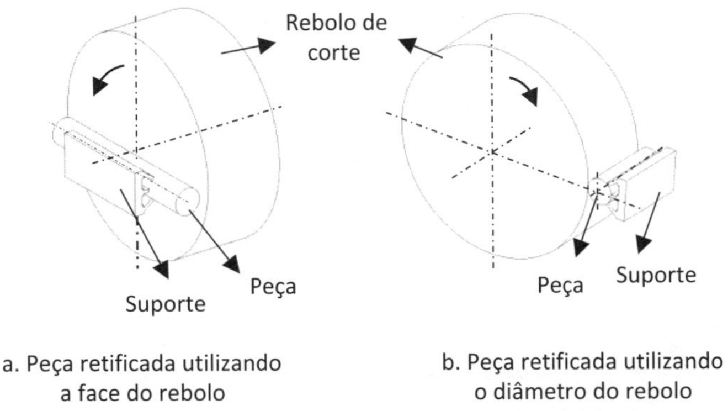

Figura 2.2 – Ilustração do princípio de funcionamento dos primeiros modelos de retificadoras *centerless*.

Fonte: adaptada de Slonimski (1956).

Com o desenvolvimento e a implementação de novos elementos de máquina, como régua de apoio, rebolo de arraste, sistema de avanço para correção de medida da peça, dentre outros, surge o primeiro modelo de retificadora *centerless*, conforme apresentado esquematicamente na Figura 2.3.

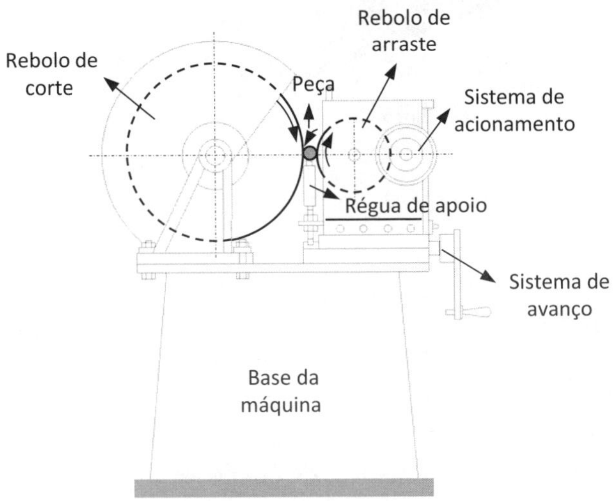

Figura 2.3 – Conceito inicial de uma retificadora *centerless*.

Fonte: adaptada de Slonimski (1956).

Existem atualmente no mercado diversos modelos de retificadoras *centerless*, desenvolvidos para atender às diferentes demandas e possibilitar a retificação de componentes cilíndricos de diversos tipos e dimensões. Segue como exemplo, na Figura 2.4, um modelo de retificadora externa *centerless* de passagem, tipicamente utilizada nas indústrias. Os principais componentes, as variadas configurações possíveis, bem como os diversos formatos de produtos passíveis de retificação estão representados nas próximas figuras.

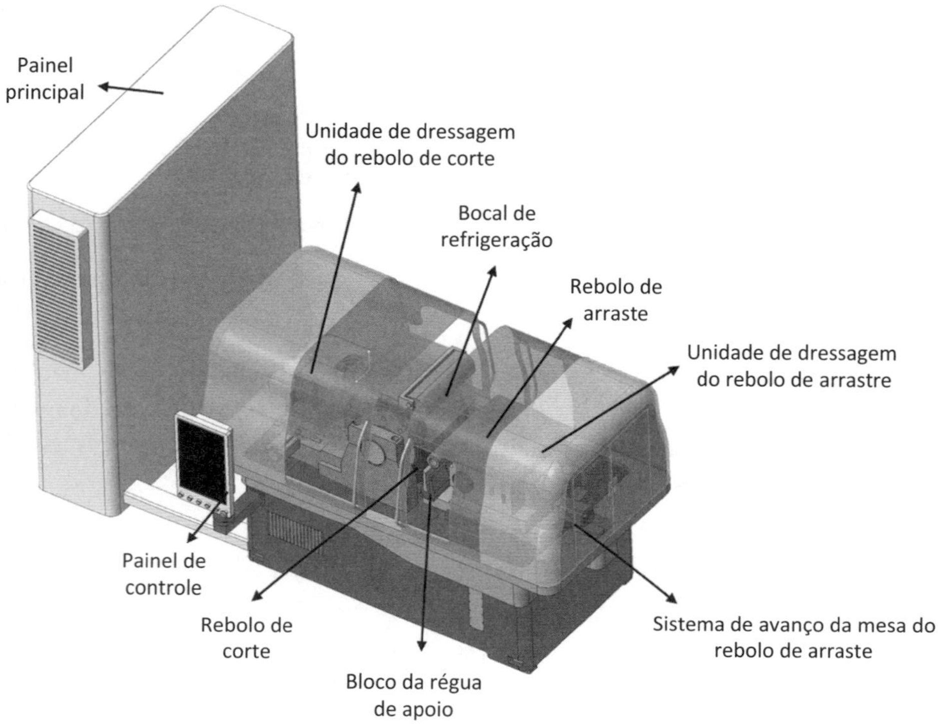

Figura 2.4 – Retificadora *centerless* de passagem.

Fonte: o autor.

A complexidade de uma retificadora *centerless* é caracterizada tanto pela quantidade de componentes que inclui, como eixos dos rebolos, sistema de dressagem, unidade de avanço das mesas dos rebolos e sistema de refrigeração, como pelo grande número de variáveis envolvidas no ajuste do equipamento, que influenciam no desempenho do processo, e pelas características de qualidade da peça retificada. Consoante a Krajnik *et al.* (2007) e Gonçalves Neto (2013), a complexidade do processo de retificação *centerless*, quando comparado a outros processos de remoção de material, também está relacionada à dificuldade de entendimento dos muitos fenômenos que ocorrem durante a usinagem por abrasão, que vão da formação característica do cavaco em função do formato da aresta de corte de cada grão abrasivo do rebolo, até o mecanismo de formação do desvio de circularidade nesse processo e seus efeitos na qualidade final do produto. A Figura 2.5 ilustra esquematicamente uma retificadora *centerless* e seus principais componentes.

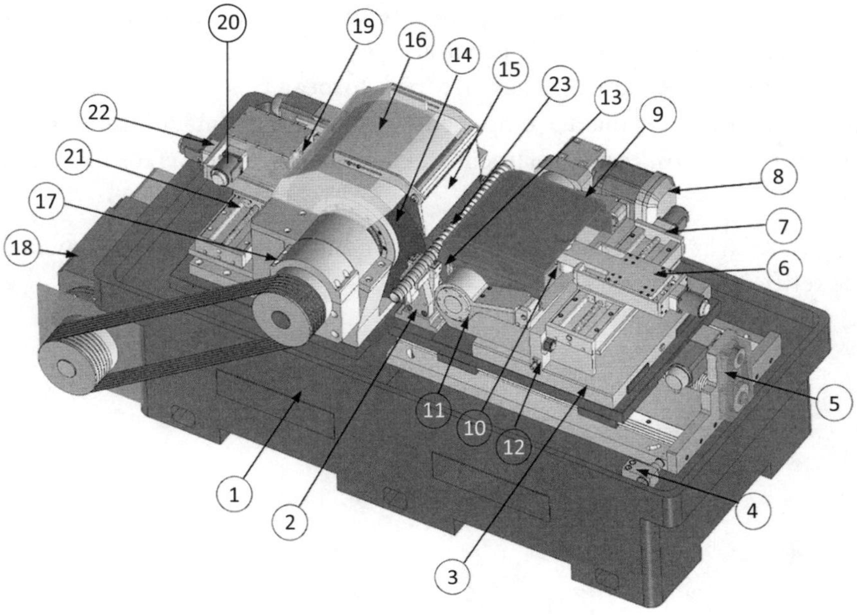

1 – Base principal da máquina	13 – Rebolo de arraste
2 – Bloco da régua de apoio	14 – Rebolo de corte
3 – Mesa de avanço do rebolo de arraste	15 – Bocal de refrigeração
4 – Ajuste do giro da unidade do rebolo de arraste	16 – Proteção primária do rebolo de corte
5 – Unidade de avanço da mesa do rebolo de arraste	17 – Mancal do rebolo de corte
6 – Unidade de avanço do dressador do rebolo de arraste	18 – Motor do rebolo de corte
7 – Unidade de avanço longitudinal do dressador do rebolo de arraste	19 – Dressador do rebolo de corte
8 – Motor do rebolo de arraste	20 – Motor do dressador do rebolo de corte
9 – Proteção primária do rebolo de arraste	21 – Unidade de avanço longitudinal do dressador do rebolo de corte
10 – Dressador do rebolo de arraste	22 – Unidade de avanço radial do dressador do rebolo de corte
11 – Mancal do rebolo de arraste	23 – Peça
12 – Ajuste da inclinação do rebolo de arraste	

Figura 2.5 – Representação esquemática dos principais componentes de uma retificadora *centerless*.

Fonte: o autor.

Os processos de retificação *centerless* são utilizados para a retificação de superfícies cilíndricas de diversos tipos de materiais e peças de várias formas, curtas ou longas, de pequenos (0,5 mm) a grandes (250 mm) diâmetros, além de componentes com projeções, escalonados, dentre outros formatos.

O grau de acabamento das peças obtidas em um processo de retificação *centerless* pode atingir classe de tolerância IT4-IT6 e rugosidade R_z entre 0,25 μm e 4 μm, que atendem a grande parte dos produtos usinados (KOETHER e RAU, 2012). Salienta-se ainda que é possível obter nesse processo tolerâncias de desvio de circularidade abaixo de 1 μm (SHIH, 2001).

Há uma enorme variedade de componentes utilizados no dia a dia que, em alguma etapa do processo de fabricação, já passaram pelo processo de retificação. São exemplos disso as próprias ferramentas de corte (para tornear, fresar ou furar), componentes cirúrgicos e uma vasta gama de componentes utilizados em máquinas, veículos automotivos e aeronáuticos, como: rolamento, eixos, pinos, pistões, eixos de comando de válvula etc.

A Figura 2.6 traz a ilustração de alguns componentes retificados por meio do processo de retificação *centerless*.

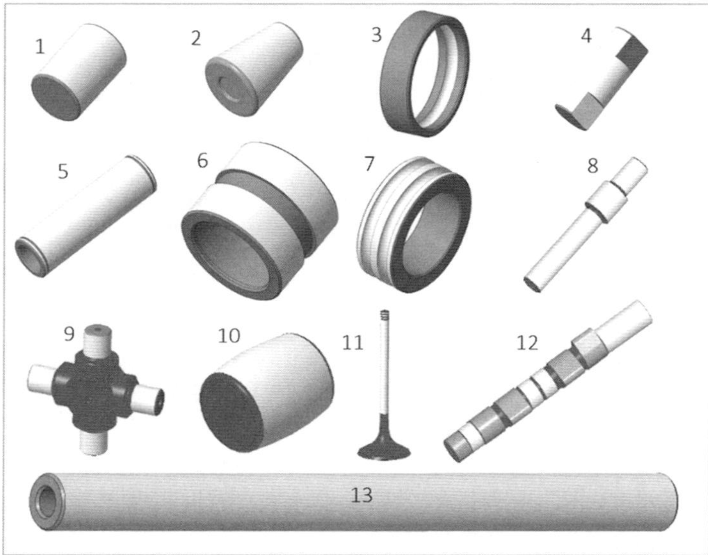

1 – Roletes cilíndricos para rolamento (*centerless* de passagem)
2 – Roletes cônicos para rolamento (*centerless* de mergulho ou de passagem)
3 – Pista interna de anel de rolamentos (retificadora interna *centerless* ou retificadora externa de mergulho)
4 – Pino de pistão de motor de geladeira (centerless de passagem)
5 – Pino de pistão (*centerless* de passagem)
6 – Diâmetro externo de anel de rolamentos (*centerless* de passagem)
7 – Pista de anel interno de rolamentos (*centerless* de mergulho)
8 – Partes cilíndricas de eixos com diâmetros escalonados (*centerless* de mergulho)
9 – Partes cilíndricas de cruzetas (*centerless* de mergulho)
10 – Rolete abaulado (*centerless* de mergulho)
11 – Haste das válvulas de admissão e descarga (*centerless* de mergulho)
12 – Partes cilíndricas do eixo comando de válvula (*centerless* de mergulho)
13 – Tubos (*centerless* de passagem)

Figura 2.6 – Componentes retificados em retificadoras *centerless*.

Fonte: o autor.

De acordo com Shaw (1996), esse processo favorece especialmente a retificação de peças finas e longas, cuja deflexão na retificação cilíndrica torna-se problemática, pois as peças são mantidas apoiadas entre pontas rotativas durante a remoção de material, o que não ocorre na retificação *centerless*, em que as peças são mantidas apoiadas em uma régua de apoio. No processo de retificação *centerless*, particularmente na de passagem, os rebolos são bastante largos (até 660 mm) e operam com velocidades periféricas de corte que podem variar de 30 m/s a 120 m/s, o que torna favorável a retificação seriada de peças.

Além disso, a retificadora *centerless* possibilita a retificação de uma variedade de materiais, incluindo as diversas ligas de aço, os tipos mais comuns de metais ferrosos e não ferrosos, bem como materiais não metálicos, como cerâmica, cortiça, vidros, plásticos, borracha e madeira (GONÇALVES NETO, 2013). Para atender aos diversos tipos de materiais existentes, diferentes abrasivos devem ser selecionados de acordo com o tipo de material a ser retificado e as tolerâncias dimensionais e de acabamento desejadas.

2.1 CLASSIFICAÇÃO DOS PROCESSOS DE RETIFICAÇÃO *CENTERLESS*

Para atender às mais variadas dimensões, geometrias e características de qualidade de peças retificadas, os processos de retificação *centerless* se dividem em:

- retificação externa *centerless* radial ou de mergulho;
- retificação externa *centerless* longitudinal ou de passagem;
- retificação externa *centerless* combinada (mergulho e passagem);
- retificação interna *centerless* de mergulho.

2.1.1 RETIFICAÇÃO *CENTERLESS* RADIAL OU DE MERGULHO

A retificação *centerless* de mergulho é um processo adotado principalmente para a retificação de partes cilíndricas de um componente que não podem ser retificadas pelo método de passagem em virtude de projeções, formatos e diâmetros variados, conforme representados na Figura 2.7. Esse processo possibilita a retificação de superfícies de componentes com comprimento máximo igual à largura do rebolo de corte.

Figura 2.7 – Componentes retificados pelo processo de retificação *centerless* de mergulho.

Fonte: o autor.

No processo de retificação *centerless* de mergulho, a remoção de material é realizada por meio do avanço da mesa do rebolo de arraste no sentido perpendicular ao eixo da peça, ao mesmo tempo pressionando-a contra o rebolo de corte, conforme representado esquematicamente na Figura 2.8.

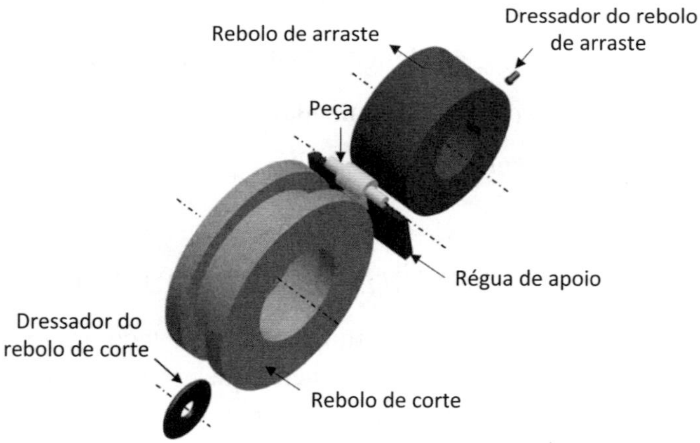

Figura 2.8 – Componentes de uma retificadora *centerless* de mergulho.

Fonte: o autor.

Na Figura 2.9, há uma ilustração esquemática com as principais grandezas geométricas e cinemáticas relacionadas ao processo de retificação *centerless* de mergulho.

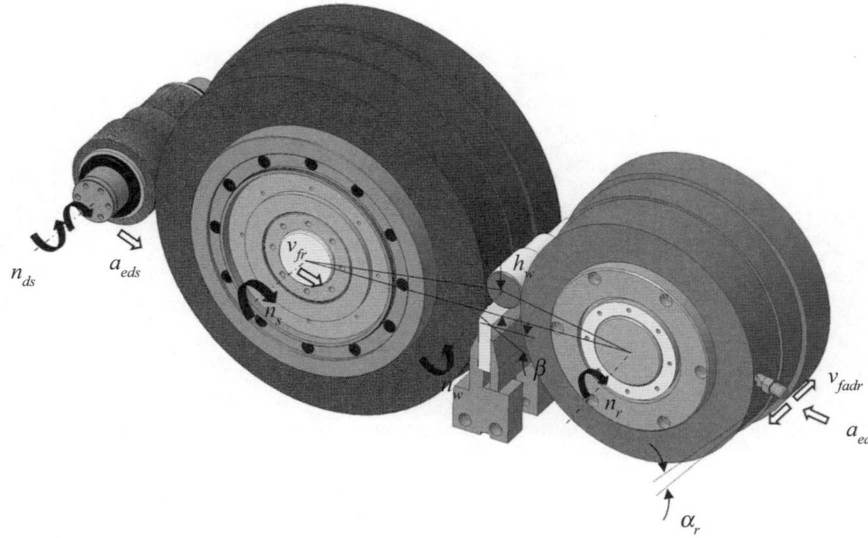

n_{ds} – Rotação do rolo dressador do rebolo de corte
a_{eds} – Avanço radial de dressagem do rebolo de corte
d_s – Diâmetro do rebolo de corte
b_s – Largura do rebolo de corte
n_s – Rotação do rebolo de corte
β – Ângulo da régua de apoio
n_w – Rotação da peça
v_{fr} – Velocidade de avanço radial
h_w – Altura entre centros

d_r – Diâmetro do rebolo de arraste
b_r – Largura do rebolo de arraste
n_r – Rotação do rebolo de arraste
α_r – Inclinação do rebolo de arraste
v_{fadr} – Velocidade de avanço longitudinal do dressador do rebolo de arraste
a_{edr} – Avanço radial do dressador do rebolo de arraste
l_w – Comprimento da peça
d_w – Diâmetro da peça

Figura 2.9 – Grandezas do processo *centerless* de mergulho.

Fonte: o autor.

Já em relação à retificação de peças total ou parcialmente cônicas, esta pode ser realizada pelo processo de retificação *centerless* de mergulho por meio de dois métodos:

a) no primeiro método, os eixos dos rebolos são mantidos paralelos. Para garantir a retificação das partes cônicas, o rebolo de corte deve ser perfilado de acordo com o formato da peça. Nesse caso, esta entra frontalmente à máquina e é usinada até tocar em um limitador de fim de curso, conforme ilustrado na Figura 2.10. O rebolo de arraste pode ser ajustado com um pequeno ângulo de inclinação (0,2° a 0,8°) para garantir que a peça fique apoiada contra o limitador de fim de curso da peça;

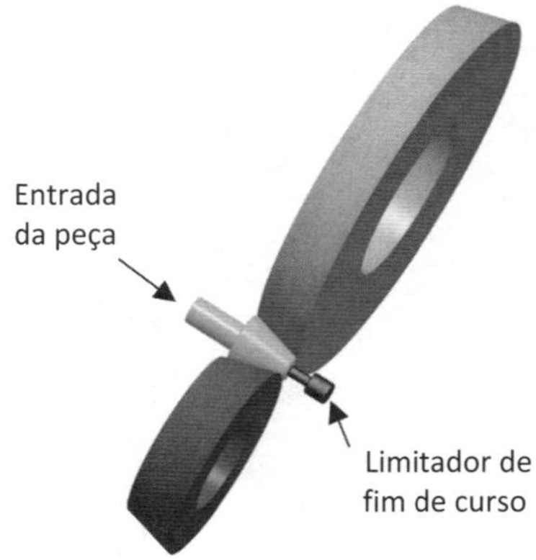

Figura 2.10 – Retificação *centerless* de mergulho com rebolo de corte perfilado.

Fonte: o autor.

b) no segundo método, utiliza-se uma retificadora *centerless* com movimento angular do rebolo de corte, conforme a Figura 2.11. A vantagem desse método é a elevada rigidez do equipamento.

Figura 2.11 – Retificação *centerless* de mergulho com movimento angular do rebolo de corte.

Fonte: o autor.

No processo de retificação *centerless* de mergulho, a remoção ocorre com o movimento de avanço do rebolo de corte na superfície da peça, conforme ilustrado na Figura 2.12. De acordo com Oliveira (1989), um ciclo de retificação se inicia com o posicionamento da peça na máquina, passando pelo avanço de aproximação do rebolo e pela remoção de material, até a saída da peça de dentro da máquina.

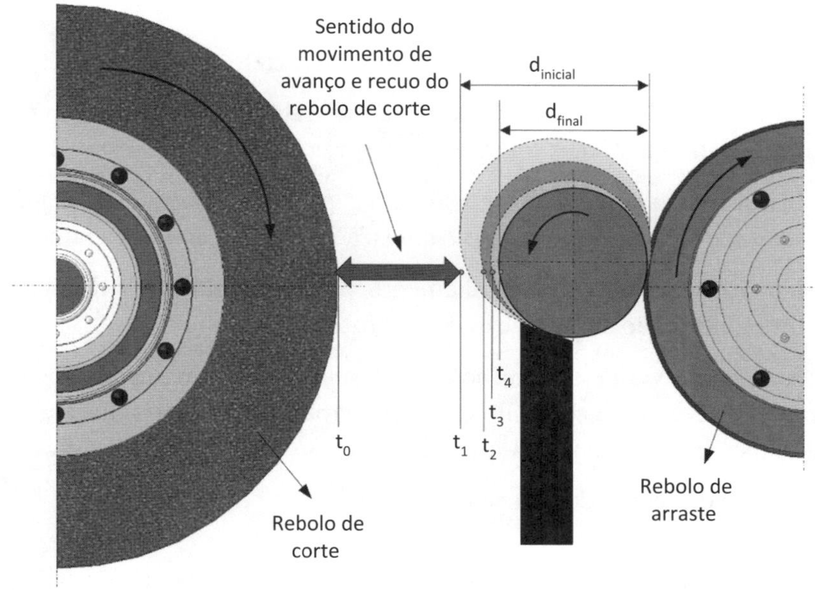

Figura 2.12 – Movimento de avanço do rebolo de corte no processo de retificação *centerless* de mergulho.

Fonte: o autor.

Na Figura 2.13, está ilustrado esquematicamente o diagrama de um ciclo de retificação de mergulho, indicando o deslocamento do rebolo de corte e o diâmetro da peça em função do tempo.

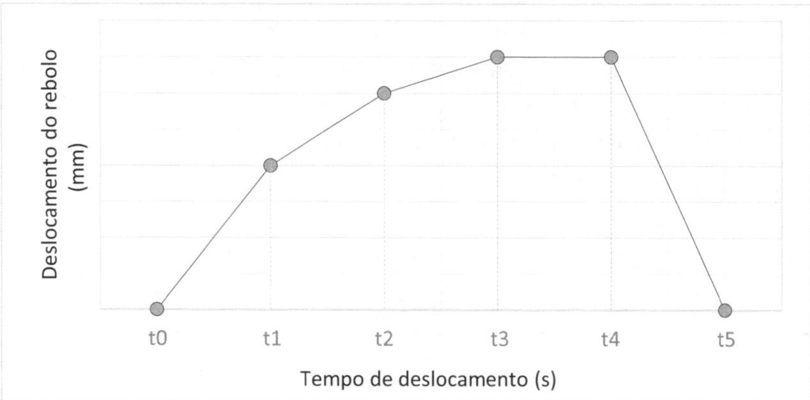

Figura 2.13 – Diagrama do ciclo de retificação de mergulho.

Fonte: o autor.

Em que:

t0: instante inicial (posição inicial do rebolo de corte);

t1: instante em que ocorre a aproximação do rebolo em relação à superfície da peça, mantendo uma distância mínima para evitar o contato com esta;

t1 a t2: inicia-se o contato do rebolo com a peça e a remoção de material, com maior velocidade de avanço do rebolo em relação à retificação de acabamento;

t2 a t3: ocorre a retificação de acabamento, em que a velocidade de avanço do rebolo é menor em relação à retificação de desbaste;

t3 a t4: esse intervalo é denominado *spark-out* ou centelhamento, e nele não há avanço radial do rebolo de corte. É necessário para proporcionar à peça uma melhor qualidade superficial, dimensional e geométrica;

t4 a t5: recuo do rebolo de corte e troca da peça.

Em um processo de retificação *centerless* de mergulho, o tempo de cada intervalo é ajustado de acordo com o sobremetal a ser removido e as características de qualidade desejadas do produto retificado.

2.1.2 RETIFICAÇÃO *CENTERLESS* LONGITUDINAL OU DE PASSAGEM

Segundo Shih (2001) e Krajnik *et al.* (2007), a retificação *centerless* de passagem é um processo de fabricação amplamente utilizado nas indústrias, muito eficiente e econômico quando se trata de produção seriada de peças que requerem tolerâncias apertadas com elevado grau de acabamento. Mediante esse processo, é possível a retificação de peça em diversas formas, conforme apresentado na Figura 2.14 (SLONIMSKI, 1956). Nesse processo, o movimento de passagem da peça é promovido pela rotação e pela inclinação do rebolo de arraste (α_r), a qual varia geralmente de 0,5° a 4°.

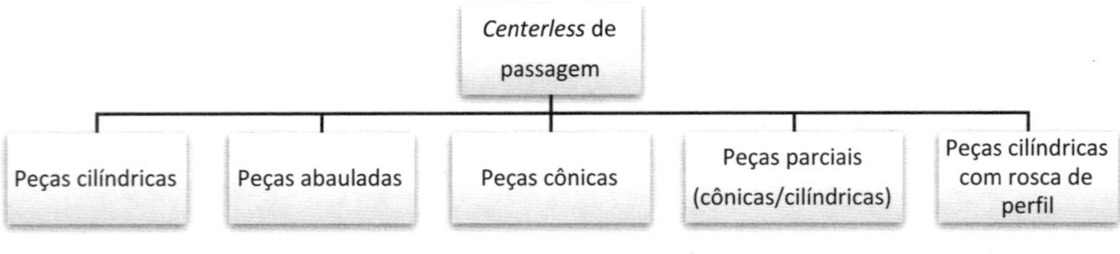

Figura 2.14 – Viabilidade do processo de retificação *centerless* de passagem.

Fonte: o autor.

Na Figura 2.15, são apresentadas esquematicamente as principais grandezas de uma retificadora *centerless* de passagem.

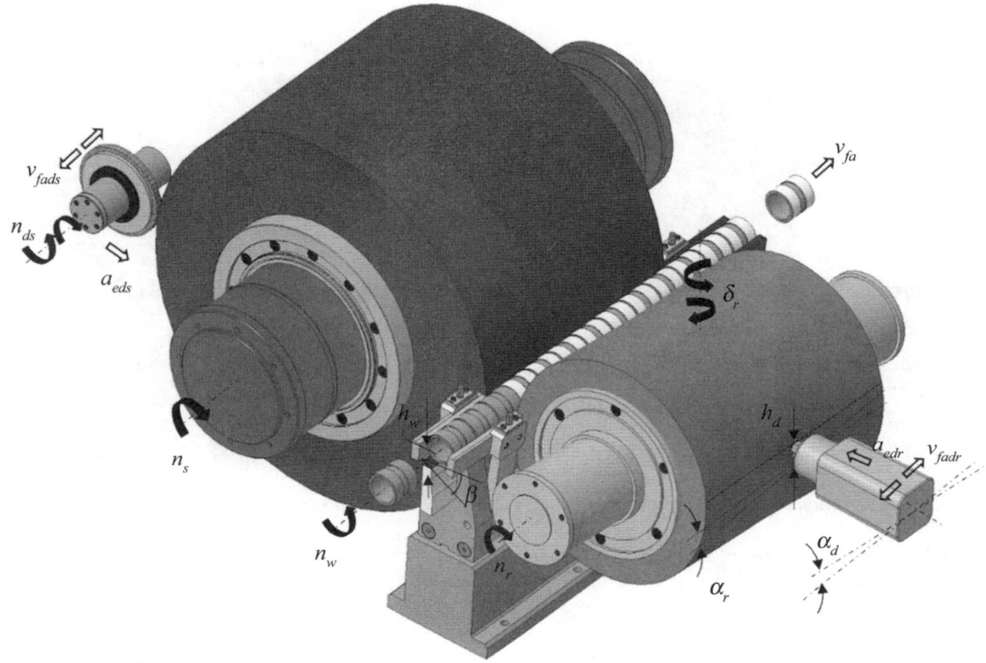

n_r – Rotação do rebolo de arraste v_{fads} – Velocidade de avanço longitudinal do dressador do rebolo de corte a_s – Avanço radial do dressador do rebolo de corte α_r – Inclinação do rebolo de arraste δ_r – Ângulo de ajuste do paralelo α_d – Ângulo de inclinação do dressador h_d – Altura do dressador	β – Ângulo da régua de apoio v_{fadr} – Velocidade de avanço longitudinal do dressador do rebolo de arraste n_s – Rotação do rebolo de corte n_w – Rotação da peça n_{ds} – Rotação do disco dressador do rebolo de corte v_{fa} – Velocidade de passagem da peça a_r – Avanço radial do dressador do rebolo de arraste h_w – Altura entre centros

Figura 2.15 – Grandezas elementares do processo *centerless* de passagem.

Fonte: o autor.

Como ilustrado na Figura 2.16, para a retificação de peças cilíndricas por passagem, os rebolos de corte e arraste são perfilados e ajustados de forma a ser garantida a entrada da peça no vão de retificação (Região I), promover uma remoção gradativa de material (Região II) e, para finalizar, o centelhamento ou *spark-out* (Região III) para assegurar principalmente as tolerâncias de cilindricidade e rugosidade da peça após retificada e um alívio na saída (região IV), recomendada para evitar marcas na superfície da peça. O perfil do rebolo de arraste, como ilustrado na Figura 2.16b, pode ser gerado mediante a combinação dos parâmetros de dressagem e inclinação do rebolo de arraste, os quais serão abordados com mais detalhes nos Capítulos seguintes. Já o perfil do rebolo de corte é determinado por comando numérico ou mediante o uso de uma régua copiada com o mesmo perfil desejado para o rebolo.

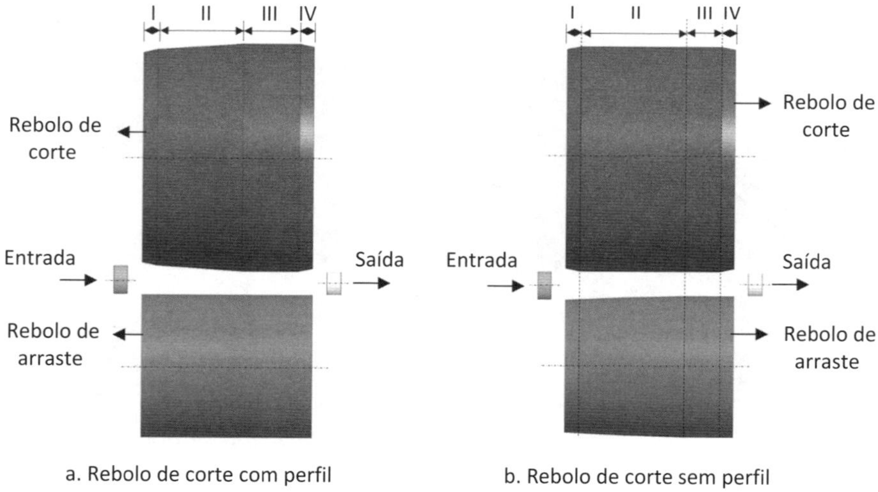

Figura 2.16 – Perfis dos rebolos de corte e arraste.

Fonte: o autor.

Quanto à retificação de peças cilíndricas abauladas, esta torna-se possível no processo de retificação *centerless* de passagem mediante a geração de um perfil côncavo no rebolo de corte e um perfil convexo no rebolo de arraste, conforme representados na Figura 2.17. O raio dos perfis dos rebolos é definido em função do raio exigido para a peça a ser retificada.

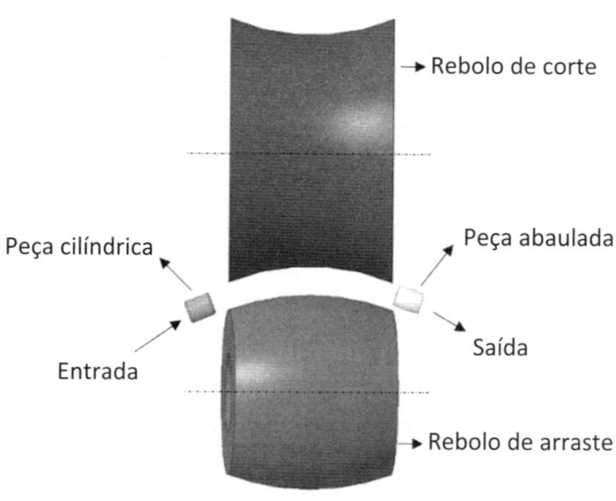

Figura 2.17 – Retificação *centerless* de passagem para peças abauladas.

Fonte: o autor.

Alguns produtos, como hastes para brocas, necessitam de uma parte cônica. Nesse caso, os rebolos são dressados com perfil no formato cônico, conforme indicado na Figura 2.18. Além disso, é utilizado um dispositivo que define o final do movimento de avanço e realiza a extração da peça do vão de retificação.

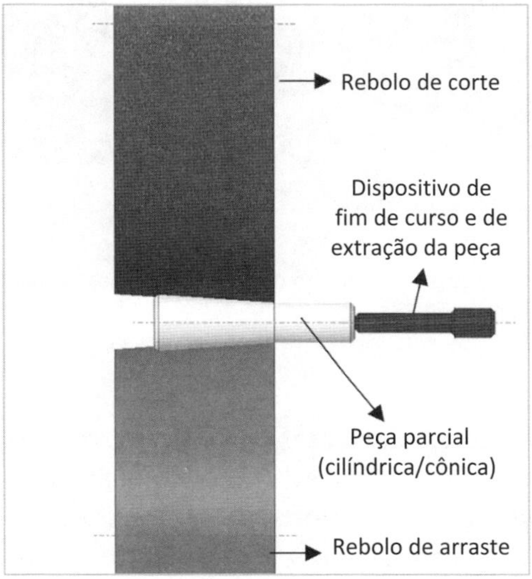

Figura 2.18 – Rebolos perfilados cônicos.

Fonte: o autor.

Na retificação de peças cônicas em uma retificadora *centerless* de passagem, no lugar de um rebolo de arraste, utiliza-se um cilindro metálico com canais (espiral), conforme ilustrado na Figura 2.19 (ZAKHAROV, 2009). A principal função dos canais em espiral é garantir que as peças fiquem paralelas ao rebolo de corte durante a retificação. Dessa forma, o ângulo do canal é duas vezes o ângulo do rolete cônico. Nesse processo, só é possível a retificação de peças cônicas de pequenos comprimentos e diâmetros.

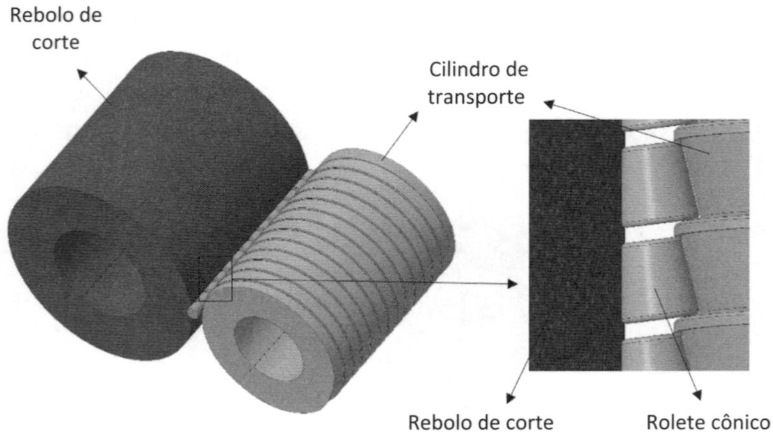

Figura 2.19 – Retificadora *centerless* com cilindro de transporte para retificação de peças cônicas.

Fonte: o autor.

Para se realizar a retificação de peças cilíndricas com perfil de rosca, é necessário que o rebolo de corte possua o perfil correspondente ao perfil roscado do componente a ser retificado, conforme ilustrado na Figura 2.20. O perfil de rosca do rebolo de corte é realizado mediante os procedimentos de dressagem. Por sua vez, o movimento de passagem da peça se deve à rotação e à inclinação do rebolo de arraste, que é inclinado para se adequar ao ângulo de avanço da rosca.

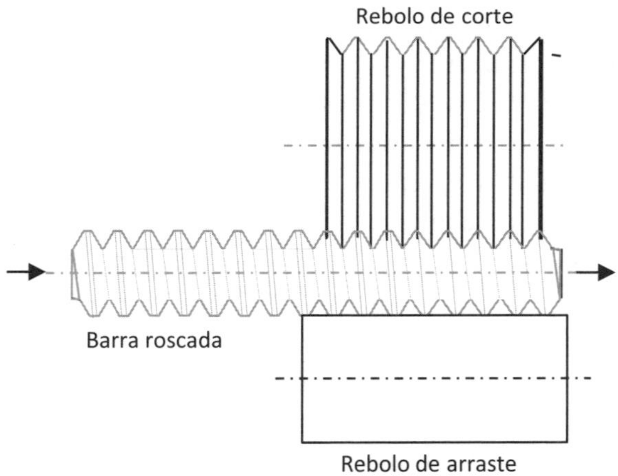

Figura 2.20 – Retificação de barra roscada.

Fonte: o autor.

No que tange ao processo de retificação *centerless* com cinta abrasiva, este é geralmente empregado para retificação de tubos e barras e pode ser tanto de passagem como de mergulho. A diferença deste em relação aos demais processos *centerless* é a utilização, no lugar de um rebolo de corte, de uma cinta de lixa abrasiva que gira durante o processamento sobre polias, conforme apresentado na Figura 2.21. Conforme Hashimoto *et al.* (2012), o processo de retificação *centerless* com cinta abrasiva possui elevada capacidade de remoção de material.

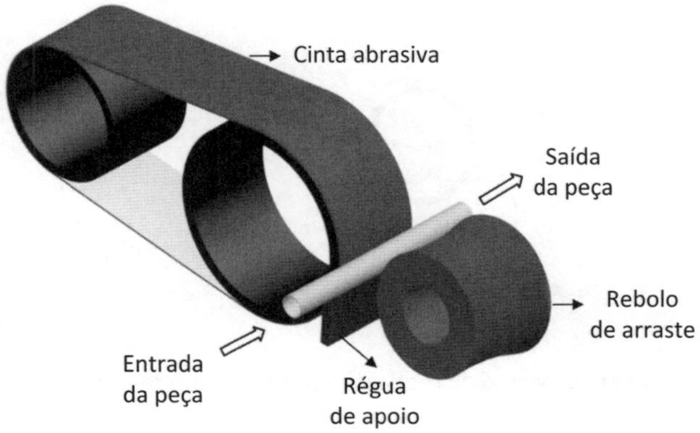

Figura 2.21 – Ilustração esquemática do processo de retificação *centerless* de passagem com cinta de lixa abrasiva.

Fonte: o autor.

Além do rebolo de arraste, também é possível utilizar para esse processo uma cinta não abrasiva montada sobre polias para garantir o movimento de rotação e passagem das peças, conforme ilustrado na Figura 2.22.

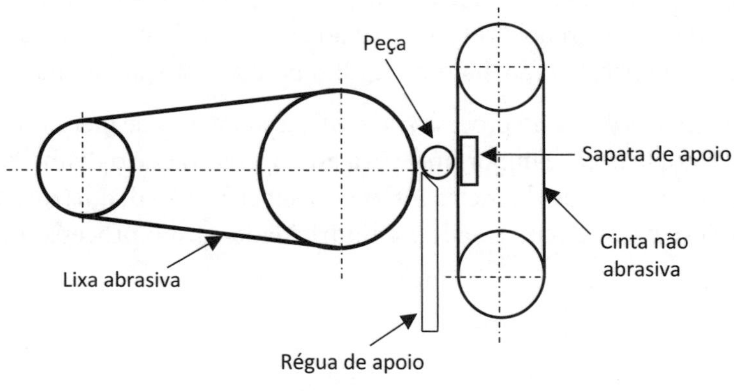

Figura 2.22 – Retificação *centerless* com cinta de lixa abrasiva.

Fonte: o autor.

2.1.3 RETIFICAÇÃO *CENTERLESS* INTERNA DE MERGULHO

No que diz respeito ao processo de retificação *centerless* interna, este consiste basicamente em empregar um rolo regulador, responsável pela rotação da peça, um rolo de apoio e um rolo de pressão para manter a peça pressionada contra os rolos regulador e de apoio. A configuração típica de uma retificadora *centerless* interna é mostrada na Figura 2.23.

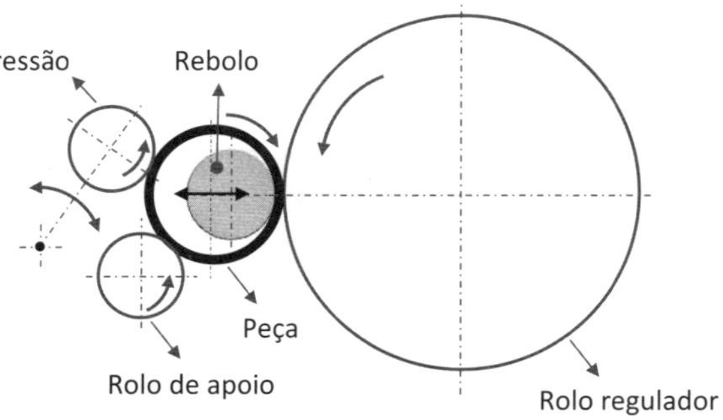

Figura 2.23 – Esquema de um processo de retificação *centerless* interna.

Fonte: adaptada de Slonimski (1956).

Nesse processo, no lugar de uma régua de apoio, dois rolos de suporte são usados para manter a posição de trabalho. Sua vantagem é ser capaz de fornecer uma concentricidade muito próxima entre diâmetros internos e externos em uma peça com diâmetro maior que a largura, como no caso da retificação da pista interna de um anel externo de rolamento (GROOVER, 2010).

Assim, o mecanismo da retificação *centerless* interna de mergulho é realizado da seguinte forma: primeiro, o rolo de pressão superior é recuado para permitir a entrada da peça; na sequência, ocorre o avanço do rolo de pressão para garantir o posicionamento da peça; o rebolo interno é fixado em balanço em uma haste e posiciona-se no centro da peça; então, há o mergulho para a remoção de material.

Como o apoio das peças no processo de retificação interna de mergulho é dado pelo diâmetro externo da peça, é importante para esta operação que o diâmetro externo da peça seja retificado antes do diâmetro interno. A superfície do diâmetro externo é a referência dos desvios de circularidade e cilindricidade para o processo de retificação *centerless* interna.

2.2 CLASSIFICAÇÃO DAS RETIFICADORAS *CENTERLESS* QUANTO ÀS SUAS FORMAS CONSTRUTIVAS

A classificação de uma retificadora *centerless* em relação às suas formas construtivas depende da disposição das ferramentas abrasivas (rebolos de arraste e corte) e da disposição da régua de apoio (horizontal, inclinada ou vertical) (SLONIMSKI, 1956).

A forma construtiva horizontal é a configuração de retificadora *centerless* mais empregada nas indústrias, pois atende à maioria dos componentes a serem retificados. Essa configuração, conforme a Figura 2.24, não é recomendada para a retificação de peças pesadas. Quanto mais pesada é a peça, maior é o seu atrito com a régua de apoio. Isso dificulta a regulagem da rotação da peça pelo rebolo de arraste e o movimento longitudinal de passagem das peças, podendo acarretar problemas de qualidade, como marcas de retificação ou valores elevados dos desvios de circularidade após a retificação.

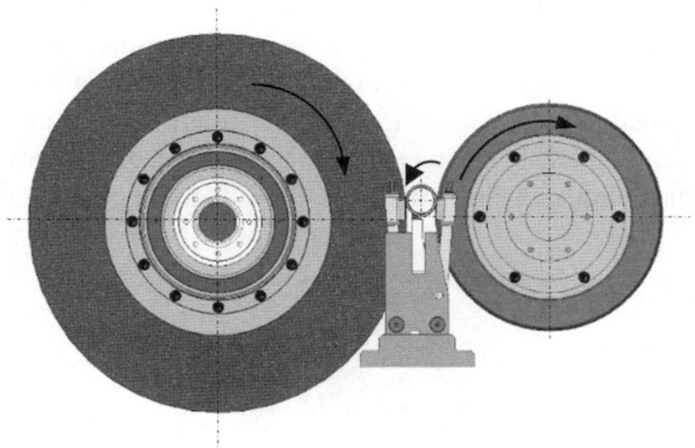

Figura 2.24 – Representação esquemática da retificadora *centerless* horizontal.

Fonte: o autor.

Por sua vez, a retificadora *centerless* com base inclinada é indicada para peças mais pesadas ou processos com altas taxas de remoção de material. Conforme a Figura 2.25, essa configuração permite que, durante a retificação, ocorra um aumento da pressão da peça no rebolo de arraste e uma diminuição da força normal da peça na régua de apoio, com consequente redução da força de atrito entre peça e régua de apoio. Dessa forma, o rebolo gira a peça mais facilmente.

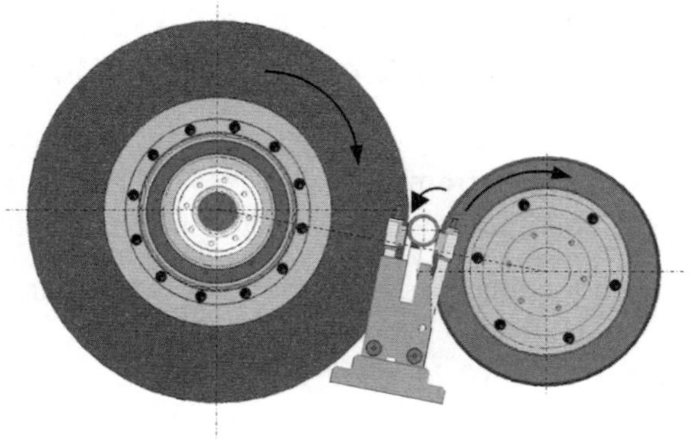

Figura 2.25 – Representação esquemática da retificação *centerless* com base do rebolo de arraste inclinada.

Fonte: o autor.

O processo de retificação *centerless* vertical, conforme a Figura 2.26, gera um aumento da pressão na interface rebolo de arraste-peça, permitindo, assim, a retificação de peças mais robustas sem maiores problemas, pois ocorre a diminuição do atrito entre a peça e a régua de apoio, e o aumento do atrito entre a peça e a superfície do rebolo de arraste. Para esse processo, as peças são ajustadas geralmente abaixo da linha de centro dos rebolos, o que garante melhor estabilidade da peça no vão de retificação.

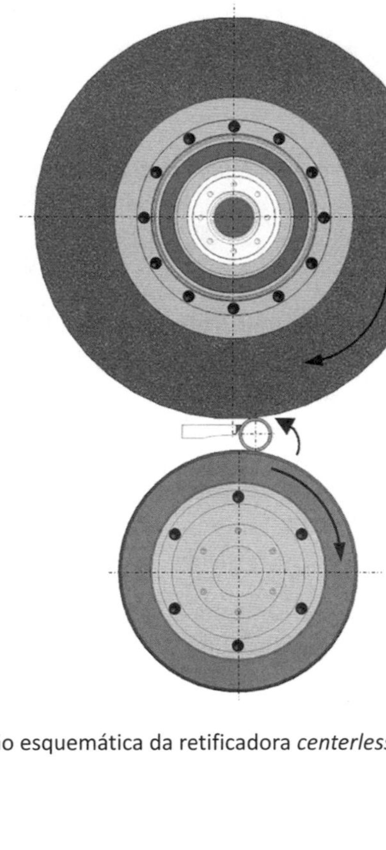

Figura 2.26 – Representação esquemática da retificadora *centerless* vertical.

Fonte: o autor.

2.3 CLASSIFICAÇÃO DAS RETIFICADORAS *CENTERLESS* QUANTO AO MOVIMENTO DE AVANÇO DOS REBOLOS

Além da classificação quanto às formas construtivas, as retificadoras *centerless* são classificadas quanto ao movimento das mesas dos rebolos. Existem disponíveis no mercado basicamente três diferentes concepções para as retificadoras *centerless*, que são:

- **Concepção 1** – mancal do eixo de acionamento do rebolo de corte rigidamente fixado na base da máquina e unidade de avanço móvel, na qual estão localizados o rebolo de arraste e o bloco da régua de apoio (Figura 2.27). Esse conceito possui um *design* compacto e apresenta elevada rigidez, pois a base do mancal do rebolo de corte é fixa na base principal da máquina. A compensação de medida é realizada mediante a movimentação da unidade de avanço do rebolo de arraste.

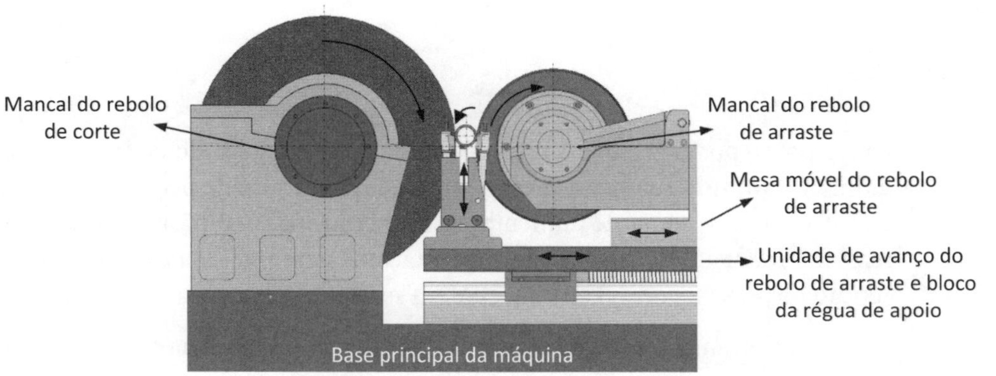

Figura 2.27 – Concepção 1: suporte do mancal do rebolo de corte fixo e unidade do rebolo de arraste móvel.

Fonte: o autor.

A desvantagem dessa concepção está no tempo elevado para a preparação do equipamento em relação às demais, pois é necessário o ajuste da posição: da mesa móvel do rebolo de arraste, da base do bloco da régua de apoio e da unidade de avanço do rebolo de arraste. Além disso, todo o conjunto-base do bloco deve ser movimentado para compensar o desgaste do rebolo de corte durante a retificação. Isso acarreta o desalinhamento entre a saída da peça do sistema de alimentação de peças e a entrada da peça na máquina. Esse desalinhamento torna-se desfavorável quando se deseja criar uma célula de retificação, conectando duas ou mais retificadoras *centerless* de passagem.

- **Concepção 2** – mancais dos rebolos de arraste e de corte móveis e bloco da régua de apoio fixo na base da máquina (Figura 2.28). O recuo das duas mesas possibilita o melhor acesso ao equipamento, facilitando o ajuste da máquina.

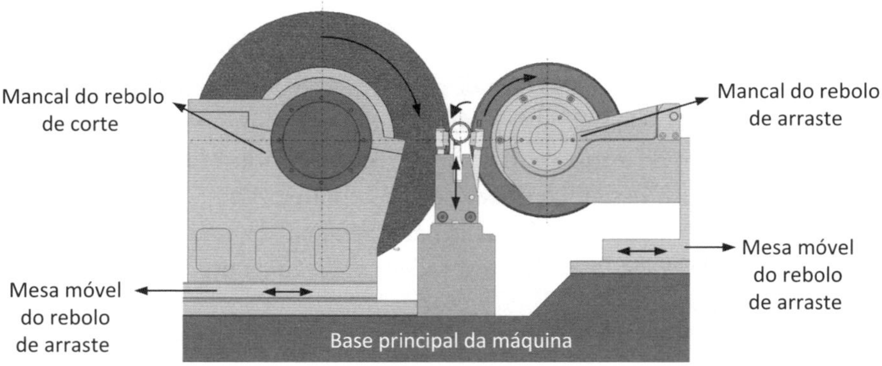

Figura 2.28 – Concepção 2: mesas dos rebolos de corte e arraste móveis.

Fonte: o autor.

Outro ponto positivo é que o bloco da régua de apoio é fixado na base da máquina, garantindo sempre a mesma posição de entrada de peça na máquina em relação ao sistema de alimentação. Dessa forma, não há necessidade de reajuste frequente do sistema de alimentação e descarga de peças. Essa concepção torna-se favorável ao conectar em série duas ou mais retificadoras.

Uma das desvantagens dessa configuração de máquina é uma menor rigidez do equipamento quando comparado com a concepção 1, pois a base do mancal do eixo de acionamento do rebolo de corte não faz parte da base da máquina, sendo fixado sobre patins das guias lineares ou prismáticos.

- **Concepção 3** – mancal do rebolo de corte e unidade de avanço do rebolo de arraste móveis. O mancal do rebolo de arraste e o bloco da régua de apoio são fixos em uma unidade de avanço do rebolo de arraste para compensação do desgaste do rebolo de corte, conforme a Figura 2.29. O movimento do mancal do rebolo de corte é uma vantagem dessa concepção de máquina, pois o fácil acesso para o ajuste da régua de apoio e das guias de entrada e saída reduz o tempo de preparação do equipamento. As desvantagens desse conceito são a menor rigidez do equipamento e o deslocamento da posição da peça em relação à entrada de alimentação de peças à medida que o rebolo se desgasta.

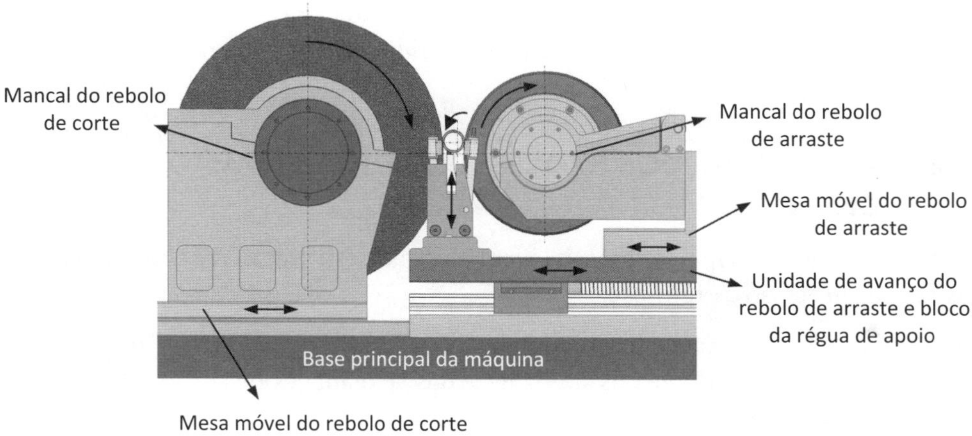

Figura 2.29 – Concepção 3: mesas dos rebolos de corte e arraste móveis e base bloco com ajuste de giro.

Fonte: o autor.

As retificadoras *centerless* também são classificadas quanto ao tipo de configuração do fuso do rebolo de corte. Os dois tipos comumente utilizados nas retificadoras *centerless* são o mancal duplo biapoiado ou o mancal simples em balanço, conforme representados nas Figuras 2.30a e 2.30b.

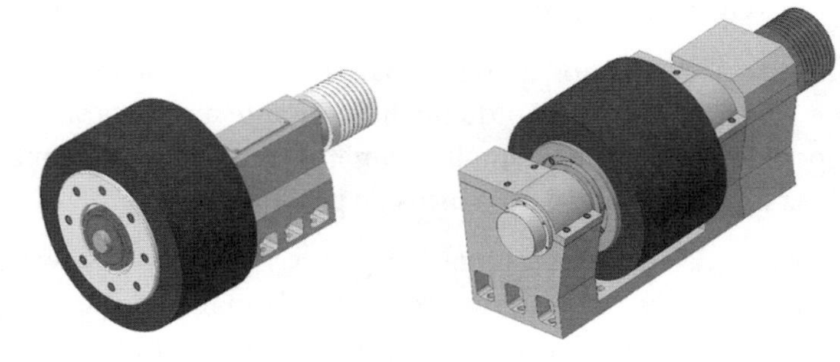

Figura 2.30 – Tipo de mancais de apoio dos fusos dos rebolos.

Fonte: o autor.

O conceito em balanço tem como vantagem a facilidade durante a troca do rebolo de corte e um menor custo em relação ao sistema mancal duplo biapoiado. No conceito de mancal duplo, o eixo do rebolo fica apoiado por dois mancais, o que resulta em alto grau de rigidez. Assim, é particularmente adequado para operações de retificação de elevada taxa de remoção de material e requer menores tolerâncias geométricas da peça durante a retificação (HASHIMOTO *et al.*, 2012). Para ambos os conceitos, podem ser utilizados mancais de rolamento tanto hidrodinâmicos como hidrostáticos.

O uso de mancais hidrostáticos para o sistema do fuso fornece alta precisão do movimento rotacional, melhor estabilidade e maior vida útil dos componentes do mancal.

2.4 VANTAGENS DOS PROCESSOS DE RETIFICAÇÃO *CENTERLESS*

Algumas das principais vantagens do processo de retificação *centerless* em relação aos demais processo de retificação são:

- as peças permanecem apoiadas na superfície da régua durante todo o tempo de retificação, o que possibilita elevadas velocidades de corte e altas taxas de remoção de material durante a retificação;
- permite a retificação de peças compridas e de pequenos diâmetros sem provocar a sua flexão, pois elas são mantidas apoiadas sobre a régua de apoio (DINIZ; MARCONDES; COPPINI, 1999);
- possibilita a retificação de peças cilíndricas curtas, para as quais a retificação cilíndrica entre pontas fica prejudicada em virtude da proximidade dos contrapontos e da dificuldade de aproximação e movimentação dos rebolos (DINIZ; MARCONDES; COPPINI, 1999; SHAW, 1996);
- em virtude do baixo tempo para alimentação do equipamento, pode-se retificar continuamente e em grandes quantidades (no caso da retificadora *centerless* de passagem com sistema de alimentação de peças contínuo);
- a utilização de modernos aparelhos para medição automática do diâmetro da peça e correção da variação de medida durante a retificação possibilita que um operador possa cuidar simultaneamente de diversas máquinas, favorecendo dessa forma a redução dos custos de produção;
- no processo de retificação *centerless* por passagem, é possível conectar em série duas ou mais retificadoras *centerless*, de maneira que a peça passe por vários processos de retificação consecutivamente, sem interrupção (DINIZ; MARCONDES; COPPINI, 1999);
- as possibilidades de erros durante a dressagem e de compensação devida ao desgaste do rebolo de corte são consideravelmente reduzidas em relação aos demais processos de retificação, pois o sobremetal é medido em relação ao diâmetro, e não ao raio da peça.

2.5 REMOÇÃO DE MATERIAL NA RETIFICAÇÃO *CENTERLESS*

Problemas de qualidade, como o desvio de circularidade elevado e a queima de retificação, podem estar relacionados com as características da peça antes de ser retificada. Os resíduos presentes na peça oriundos dos processos de tratamento térmico, como carepas, fuligem ou partículas de outros processos, podem se alojar nos poros do rebolo de corte, o que dificulta a sua ação de corte. Quando isso ocorre, aumenta o calor na zona de corte, o que, dependendo da intensidade, pode gerar danos aos componentes retificados. A presença de sobrematerial acima dos valores definidos para a etapa de retificação pode ocasionar problemas de mesma ordem e interferir no tempo de retificação. Para este caso, deve-se realizar um passe adicional de retificação, para não comprometer a qualidade final do componente retificado ou aumentar a frequência de dressagem do rebolo de corte.

A Tabela 2.1 apresenta os valores de sobremetal recomendados para cada tipo de operação de retificação.

Tabela 2.1 – Sobremetal na retificação *centerless*

Processo de retificação centerless	Sobremetal (mm)
Acabamento de alta precisão	0,005 a 0,020
Acabamento de precisão	0,020 a 0,050
Acabamento fino	0,050 a 0,120
Desbaste	> 0,120

2.6 RÉGUA DE APOIO

A régua de apoio é um elemento fundamental de uma retificadora *centerless*, sendo responsável pelo apoio e pelo posicionamento da altura da peça em relação ao centro dos rebolos, como demonstrado na Figura 2.31. O posicionamento da altura da régua, o ângulo de apoio β (Figura 2.32) e um bom estado da superfície da régua percorrida pela peça contribuem para melhores estabilidade do processo e qualidade do produto retificado.

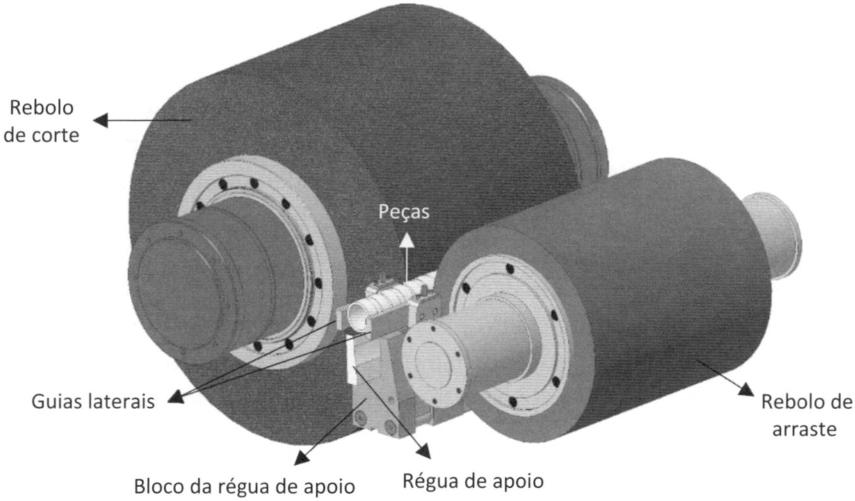

Figura 2.31 – Régua de apoio montada no bloco.

Fonte: o autor.

A espessura, o formato e o material da régua de apoio dependem principalmente do processo de retificação *centerless* e da configuração do produto a ser retificado. Na Figura 2.32, está demonstrado o desenho típico de uma régua de apoio utilizada pelo processo de retificação *centerless*, com a base em aço e a pastilha em metal duro.

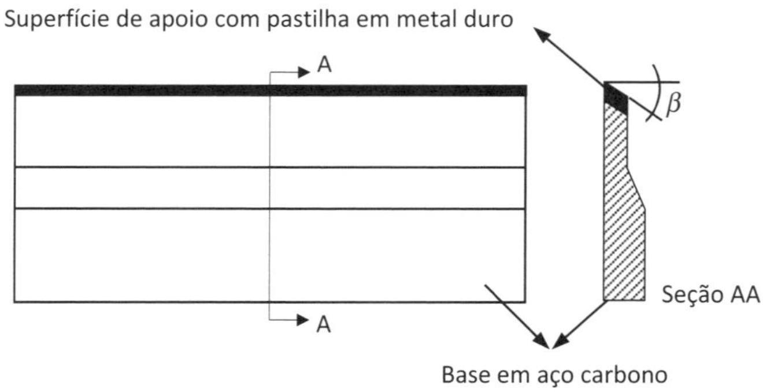

Figura 2.32 – Régua de apoio com superfície de apoio em metal duro.

Fonte: o autor.

A seção da régua de apoio (Figura 2.32) pode ter a superfície inclinada (I), prismática (II) ou inclinada com cavidade de apoio (III), conforme a Figura 2.33.

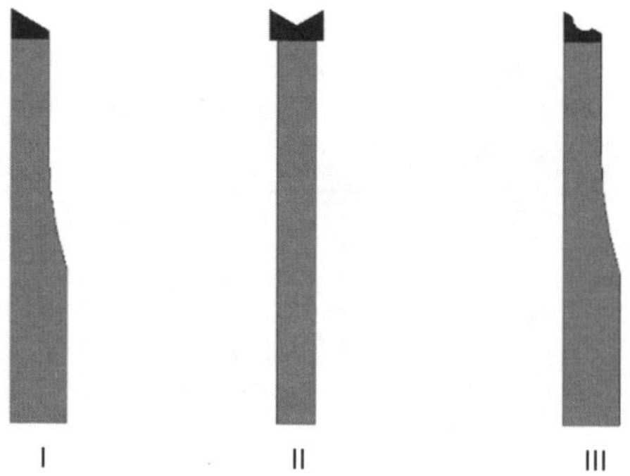

Figura 2.33 – Diferentes formatos da régua de apoio.

Fonte: Slonimski (1956).

Para o processamento de peças com pequenos diâmetros e comprimentos, geralmente utilizam-se réguas de apoio nos formatos I ou III. Réguas com formato II, isto é, com perfil na forma prismática, são utilizadas principalmente para peças longas e pesadas. A régua tipo I é comumente utilizada na indústria e atende à maioria das peças processadas nas retificadoras *centerless*.

No caso dos produtos que possuem variação de diâmetro e são retificados em uma *centerless* de mergulho, a régua deve ser projetada de acordo com a geometria do produto, conforme apresentado na Figura 2.34.

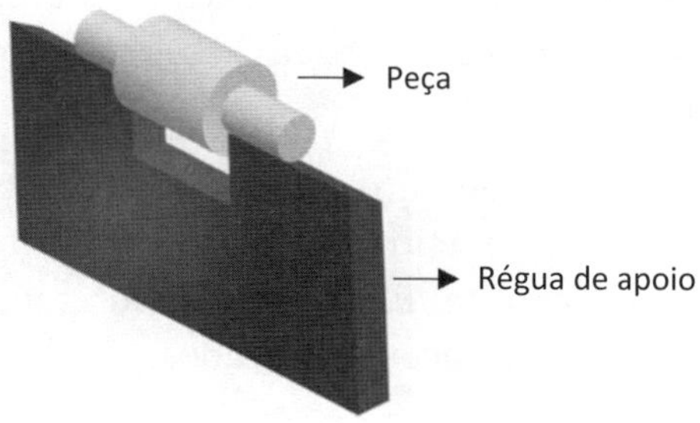

Figura 2.34 – Régua de apoio para peça com diferentes diâmetros.

Fonte: o autor.

2.6.1 ESPESSURA DA RÉGUA DE APOIO

A espessura da régua de apoio depende do diâmetro do componente a ser retificado. Na Tabela 2.2, é apresentada a relação entre a espessura da régua e o diâmetro do componente a ser retificado. Em geral, para peças com diâmetro até 25 mm, a espessura da régua representa cerca de 50% a 90% do diâmetro da peça.

Tabela 2.2 – Espessura da régua de apoio

Diâmetro da peça (mm)	Espessura da régua de apoio (mm)
1,5 a 1,9	1,0 a 1,3
2,0 a 2,9	1,5 a 1,8
3,0 a 3,9	2,0 a 2,8
4,0 a 5,0	3,0 a 3,8
5,0 a 5,9	4,0 a 4,5
6,0 a 6,9	5,0 a 5,5
7,0 a 9,9	6,0 a 6,5
10,0 a 14,9	7,0 a 9,5
15,0 a 24,9	12,0 a 14,0
> 25,0	20,0 a 25,0

2.6.2 MATERIAL DA RÉGUA DE APOIO

A régua de apoio é um elemento que normalmente está submetido a elevados esforços durante o processo de retificação. Assim, o seu material é escolhido com base no tipo de material a ser retificado:

- réguas com inserto de metal duro e base de aço-carbono são frequentemente utilizadas nos processos de retificação *centerless*, por consequência de sua elevada resistência ao desgaste. Essas réguas são empregadas principalmente para retificação de peças de aços temperados;
- réguas com inserto de diamante policristalino (PCD, sigla do inglês *Poly Crystalline Diamond*) são utilizadas para retificação de peças de aços temperados. As réguas de PCD possuem maior resistência ao desgaste por sua elevada dureza e um menor coeficiente de atrito;
- réguas de bronze duro ou ferro fundido são utilizadas para a retificação de peças de aços sem tratamento térmico;
- réguas de aço rápido são utilizadas na retificação de peças de materiais não metálicos.
- réguas com inserto de cerâmica e base de fibra de carbono. Utilizadas em casos especiais para absorver vibração durante a retificação.

Em geral, devido a um melhor custo benefício, utilizam-se réguas com pastilha de metal duro nos processos de retificação *centerless* de componentes em aço.

2.6.3 UTILIZAÇÃO DA RÉGUA DE APOIO

O bom estado da régua de apoio contribui para a boa qualidade da operação de retificação. Dessa forma, algumas recomendações quanto à qualidade da superfície de apoio, ao armazenamento e à utilização da régua são úteis na retificação *centerless*:

- a superfície da régua onde a peça está apoiada deve ser retificada e, se possível, polida. A vida útil da régua depende do grau de acabamento da superfície e do tipo de material da régua. A retificação e o polimento da superfície favorecem a passagem e a rotação da peça e, consequentemente, conferem um melhor acabamento ao produto da retificação, pois reduzem o atrito entre a peça e a régua de apoio, o que diminui o efeito do deslizamento (peça-rebolo de arraste);
- após a usinagem da régua, recomenda-se desmagnetizá-la. O magnetismo residual pode reter partículas metálicas na superfície da régua de apoio e interferir no movimento de passagem e de rotação das peças. Recomenda-se, ainda, a verificação diária da condição da superfície de trabalho da régua. Caso apresente desgaste ou irregularidades, a superfície da régua deve ser retrabalhada (retificar e polir);
- deve-se evitar a sobreposição das réguas de apoio durante o seu armazenamento, pois o empilhamento pode empená-las e danificá-las. As réguas devem ser armazenadas individualmente em uma superfície regular para evitar danos;
- deve-se evitar a aplicação das réguas de PCD quando há risco do tombamento de peças durante a retificação; por exemplo, na retificação de anéis, em que o comprimento é menor que o diâmetro. As réguas com inserto de PCD possuem custos elevados em relação às demais réguas;
- para réguas com inserto de metal duro, recomenda-se realizar a brasagem do inserto na base de aço. Em alguns casos, os insertos podem ser também colados na régua. Neste caso, deve-se verificar se o fluido de corte utilizado não interfere na adesão. Caso isso ocorra, o inserto de metal duro pode soltar durante a retificação e provocar danos ao rebolo.

2.6.4 POSICIONAMENTO DA RÉGUA DE APOIO

Para garantir o posicionamento correto da régua de apoio durante o ajuste do equipamento, recomenda-se a utilização de um dispositivo de medição de altura (Figura 2.35). A altura da régua (h_a) deve ser verificada na entrada e na saída do vão de retificação para garantir um bom nivelamento da régua em relação ao seu bloco. O desnivelamento da régua de apoio pode agravar os desvios de circularidade e de conicidade da peça durante a retificação.

A altura da régua de apoio (h_a) é calculada conforme a Equação 2.1, e depende do diâmetro da peça, da altura entre centros (apresentada no Capítulo 3) e da altura de referência (h_r). A altura de referência depende da geometria e das características construtivas de cada equipamento.

$$h_a = h_r + h_w + \frac{d_w}{2}, \tag{2.1}$$

em que a altura h_r corresponde à distância entre o ponto do bloco de apoio onde o dispositivo é colocado e o centro dos rebolos.

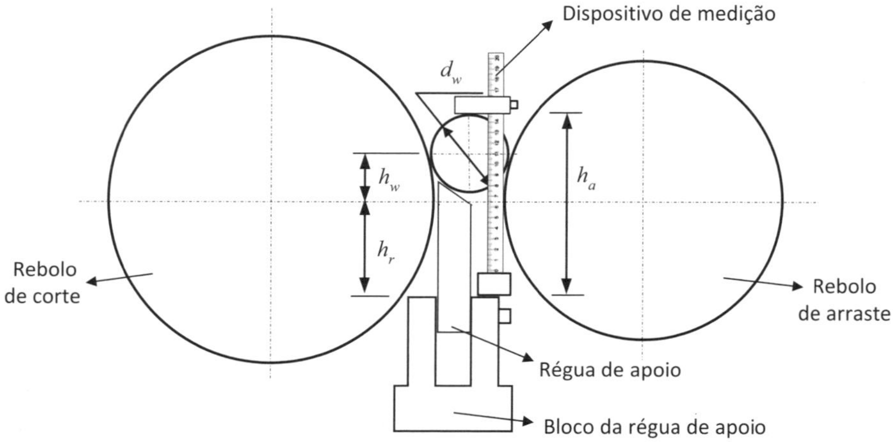

Figura 2.35 – Dispositivo para ajuste da altura da régua de apoio.

Fonte: o autor.

Após o posicionamento correto, deve-se realizar a fixação da régua no bloco. A fixação incorreta da régua pode acarretar uma vibração excessiva e agravar os desvios de circularidade da peça durante a retificação. No caso de sistema de fixação hidráulico da régua de apoio, deve-se assegurar que a unidade hidráulica esteja em perfeito funcionamento.

2.6.5 GUIA SUPERIOR DE PROTEÇÃO

É um elemento de segurança indispensável principalmente para retificação *centerless* de passagem de peças que possuem o comprimento menor que o diâmetro, como anéis de rolamento, ou peças de pequenos diâmetros, na ordem de 0,5 mm a 15 mm. A régua superior, como também pode ser chamada, evita o tombamento das peças entre os rebolos durante a retificação (Figura 2.36). Dependendo da dimensão do produto e do sobremetal removido, o tombamento da peça no vão de retificação pode ocasionar a quebra do rebolo e da régua de apoio, provocando danos no equipamento e risco ao seu operador.

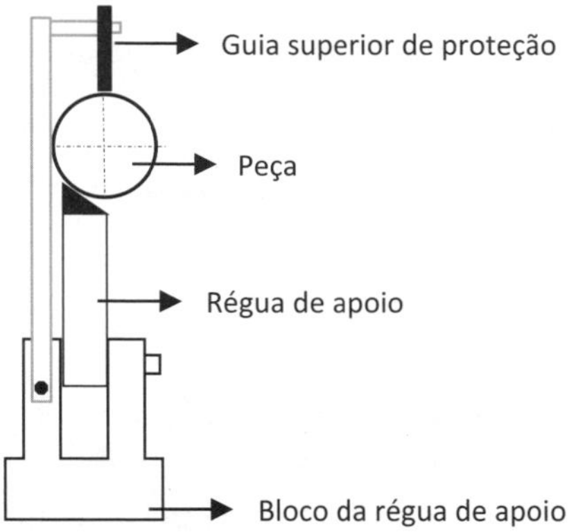

Figura 2.36 – Representação esquemática da guia superior.

Fonte: o autor.

2.7 SISTEMAS AUTOMÁTICOS DE MEDIÇÃO DE DIÂMETRO DE PEÇAS NOS PROCESSOS DE RETIFICAÇÃO *CENTERLESS*

Durante a produção seriada de peças no processo de retificação *centerless*, ocorre a redução do diâmetro do rebolo de corte, seja pelo desgaste dos grãos abrasivos, seja pelo procedimento de dressagem. Com o desgaste do rebolo, a tolerância de diâmetro passa a não ser mais atendida. Dessa forma, é necessário realizar continuamente a aferição do diâmetro dos componentes retificados e a compensação do desgaste do rebolo para garantir as tolerâncias de diâmetro especificadas. O procedimento para compensar o desgaste do rebolo pode ser realizado avançando a mesa do rebolo (rebolo de corte e/ou rebolo de arraste) de forma manual ou automática.

Os sistemas para aferição e correção automática do diâmetro proporcionam a obtenção de melhores índices de produtividade dos processos de retificação *centerless*, pois possibilitam a medição de 100% das peças produzidas, garantindo as medidas de diâmetro dentro das tolerâncias exigidas e, em razão disso, reduzindo o refugo por diâmetro fora das tolerâncias especificadas. Além disso, com esse tipo de dispositivo, um operador pode cuidar de um número maior de máquinas, pois a compensação do equipamento para a correção do diâmetro da peça é realizada automaticamente.

Há disponíveis no mercado alguns sistemas de medição desenvolvidos para atender aos diversos tipos de produtos processados na retificação. Na Figura 2.37, estão representados os sistemas mais utilizados nos processos de retificação *centerless*.

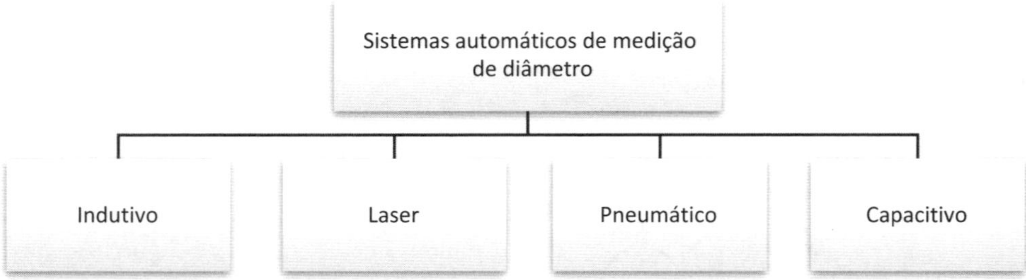

Figura 2.37 – Sistemas automáticos para medição e controle do diâmetro de peças nos processos de retificação *centerless*.

Fonte: o autor.

O controle do diâmetro da peça ocorre em tempo real e, caso ocorra a variação do diâmetro fora dos limites especificados, a mesa de avanço é acionada automaticamente para haver a correção do diâmetro da peça. Muitos desses sistemas permitem armazenar 100% dos dados gerados, possibilitando gerar análises estatísticas do processo e o preenchimento automático da carta de controle de qualidade, reduzindo assim o tempo de ocupação do operador de máquina.

Tais sistemas de medição são instalados na saída da retificadora e conectados ao painel de controle da máquina para controlar o diâmetro e a compensação do desgaste do rebolo. Na Figura 2.38, tem-se representado, esquematicamente, um sistema de medição a laser conectado na saída de uma retificadora *centerless* de passagem.

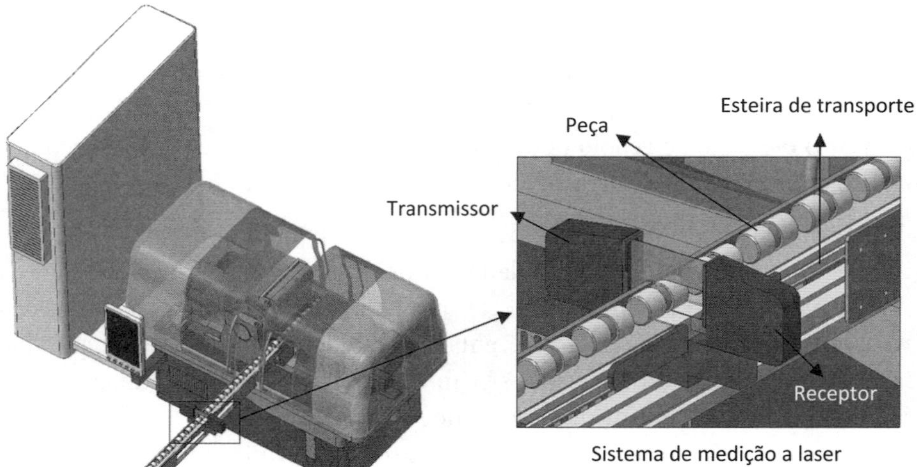

a. Retificadora *centerless* de passagem
b. Seção ampliada de a

Figura 2.38 – Sistema de medição a laser em uma retificadora *centerless* de passagem.

Fonte: o autor.

Na lista a seguir, estão resumidas as características dos sistemas mais utilizados nos processos de retificação *centerless*:

- **Sistema de medição a laser** – esse sistema possibilita a medição de peças com as mais diversas geometrias retificadas pelo processo de retificação *centerless* externa. Além disso, o controle do diâmetro ocorre sem contato com a peça e, dessa forma, não interfere no movimento longitudinal das peças na retificação *centerless* de passagem. A desvantagem desse sistema de medição é o consumo elevado de ar comprimido para garantir peças secas e isentas das partículas geradas na retificação. A presença de fluido e/ou partículas na superfície das peças pode interferir nos resultados da medição.
- **Sistema de medição indutivo** – em virtude da simplicidade e do baixo custo em relação aos demais sistemas de medição, o sistema indutivo é comumente utilizado nos processos de retificação *centerless* de passagem, principalmente para produção de peças cilíndricas sem projeções nem variações de diâmetro, pois, quando em contato com a superfície da peça, a ponta de medição pode travar nos rebaixos, ressaltos ou projeções desta e interromper o movimento de passagem. Uma vantagem desse sistema é que a presença de partículas de fluido de corte na superfície da peça não interfere na medição. Quanto à desvantagem, esta se relaciona ao desgaste da ponta de medição, pois o contato com a peça é constante. Além disso, requer um maior tempo de preparação dos dispositivos em relação aos demais sistema de medição. Nesse caso, deve-se realizar o ajuste do posicionamento da ponta de medição conforme o diâmetro da peça e a calibração das tolerâncias de diâmetro.
- **Sistema de medição pneumático** – sistema de medição sem contato com a peça durante o controle do diâmetro. Sua grande vantagem sobre os demais é a precisão na medição, visto que ela é realizada em relação a todo o diâmetro. Suas desvantagens estão no custo em relação ao sistema apalpador digital, pois, para cada diâmetro de peça, é necessário um ferramental específico compatível consigo, bem como na quantidade de ar comprimido consumida para a medição.
- **Sistema de medição capacitivo** – os sensores capacitivos são um dos sistemas de medição mais precisos do mercado, podendo atingir resoluções muito baixas, em escala nanométrica. Uma desvantagem desse sistema para o controle de diâmetro no processo de retificação está no uso de ar comprimido ou de sistema de limpeza e secagem de peças antes da medição. Partículas de fluido ou abrasivas podem interferir nos resultados das medições.

CAPÍTULO 3

Grandezas nos processos de retificação *centerless*

Este Capítulo tem como finalidade fornecer conhecimentos para uma melhor definição dos parâmetros relacionados aos processos de retificação *centerless*. Serão estudadas diversas grandezas relacionadas ao processo de retificação *centerless*, como as velocidades da peça e dos rebolos, o número de revoluções da peça durante o ciclo de retificação, a espessura de corte equivalente, a taxa de remoção de material e o cálculo da altura entre centros. Será abordado também o mecanismo de geração do desvio de circularidade no processo de retificação *centerless*, motivo pelo qual a peça deve ser ajustada acima ou abaixo da linha de centro dos rebolos e a régua de apoio deve conter uma superfície inclinada para o apoio da peça.

3.1 CÁLCULO DA VELOCIDADE DA PEÇA E DOS REBOLOS NA RETIFICAÇÃO CENTERLESS DE PASSAGEM

No processo de retificação *centerless* de passagem, as velocidades de passagem, v_{fa}, e periférica (tangencial), v_w, da peça são determinadas por meio da inclinação do rebolo de arraste e da sua velocidade periférica, v_r, conforme está representado na Figura 3.1.

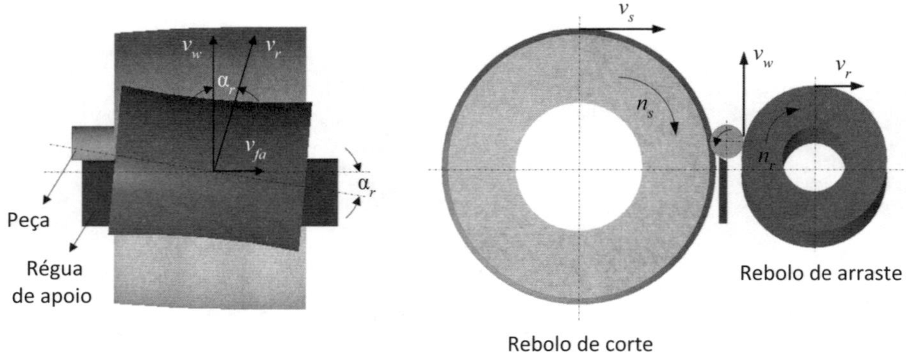

Figura 3.1 – Velocidades tangencial e de passagem da peça.

Fonte: adaptada de Gonçalves Neto (2008).

Da Figura 3.1, temos as seguintes relações trigonométricas:

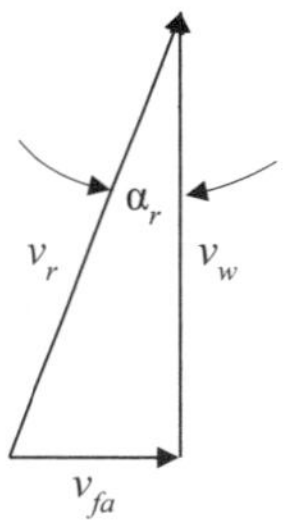

$$\operatorname{sen}(\alpha_r) = \frac{v_{fa}}{v_r}$$

$$\cos(\alpha_r) = \frac{v_w}{v_r}$$

Assim, na retificação *centerless* de passagem, os valores teóricos da velocidade periférica, v_w, e da velocidade de passagem, v_{fa}, da peça são calculados por meio das Equações (3.1) e (3.2), respectivamente.

$$v_w = v_r \,.\, \cos(\alpha_r) \tag{3.1}$$

$$v_{fa} = v_r \,.\, \operatorname{sen}(\alpha_r) \tag{3.2}$$

A variável v_r representa a velocidade periférica do rebolo de arraste, que geralmente é expressa em m/min e pode ser calculada pela Equação (3.3). O diâmetro do rebolo de arraste, d_r, é expresso em mm, e a rotação do rebolo de arraste, n_r, em rpm.

$$v_r = \frac{\pi . d_r . n_r}{1000} \tag{3.3}$$

A velocidade periférica do rebolo de corte, v_s, é expressa em m/s e definida em função do diâmetro do rebolo de corte, d_s, e da rotação, n_s, conforme a Equação (3.4).

$$v_s = \frac{\pi . d_s . n_s}{60000}, \tag{3.4}$$

em que:

d_s – diâmetro do rebolo de corte (mm);

n_s – rotação do rebolo de corte (rpm);

d_r – diâmetro do rebolo de arraste (mm);

n_r – rotação do rebolo de arraste (rpm);

v_r – velocidade periférica do rebolo de arraste (m/min);

v_w – velocidade periférica da peça (m/min);

v_{fa} – velocidade de passagem da peça (m/min);

α_r – inclinação do rebolo de arraste (°).

As componentes reais de velocidade periférica e de passagem axial da peça diferem das velocidades teóricas. Na retificação, durante o processo de remoção de material da peça pelo rebolo de corte, pode ocorrer um pequeno deslizamento entre a peça e o rebolo de arraste, que está relacionado com o material deste, advindo de acabamento superficial após a dressagem, especificação dos rebolos e seus respectivos diâmetros, peso e material da peça, material da régua de apoio, rotação, inclinação do rebolo de arraste e tipo e concentração dos fluidos lubrirrefrigerantes. Quanto ao valor do coeficiente de deslizamento periférico, μ_a, este pode variar entre 1,7% e 8%, sendo que, quanto maior a inclinação do rebolo, maior o coeficiente de deslizamento (SLONIMSKI, 1956).

A grandeza coeficiente axial de deslizamento, μ_a, depende do ângulo de inclinação do rebolo de arraste. Considerando o coeficiente de deslizamento, a velocidade real de passagem, v_{fae}, pode ser calculada pela Equação (3.5).

$$v_{fae} = \left(\frac{100 - \mu_a}{100} \right) . v_{fa} \tag{3.5}$$

Exemplo 3.1

Deseja-se retificar um eixo que tem 20 mm de diâmetro e 50 mm de comprimento mediante o processo de retificação *centerless* de passagem. O rebolo de corte possui diâmetro de 500 mm e comprimento igual a 400 mm, e o rebolo de arraste, diâmetro de 300 mm e comprimento igual a 400 mm. Nesse processo, o sobremetal a ser removido é de 0,3 mm, o rebolo de arraste foi ajustado a uma inclinação de 2° e o rebolo de corte a uma velocidade periférica de 45 m/s.

a) Determine a rotação do rebolo de arraste para garantir uma velocidade de passagem da peça durante a retificação de 3 m/min.

b) Plote um gráfico indicando a variação da rotação do rebolo de arraste em relação ao seu desgaste diametral. Considere o diâmetro final do rebolo de arraste de 200 mm, devendo a velocidade de passagem ser mantida constante em 3 m/min.

c) Plote um gráfico indicando a variação da rotação do rebolo de corte em relação ao seu desgaste diametral, mantendo-se a velocidade constante de 45 m/s. Considere o diâmetro final do rebolo de corte de 380 mm.

Resolução:

a) Para se determinar a rotação do rebolo de arraste, utilizam-se as Equações (3.2) e (3.3):

$$v_{fa} = v_r.sen(\alpha_r) \rightarrow v_r = \frac{v_{fa}}{sen(\alpha_r)} \rightarrow v_r = \frac{3}{sen(2^\circ)} \approx 86 \text{ m/min}$$

Substituindo o valor de v_r na equação 3.3, tem-se:

$$v_r = \frac{\pi.d_r.n_r}{1000} \rightarrow n_r = \frac{v_r.1000}{\pi.d_r} \rightarrow n_r = \frac{86.1000}{\pi.300} \approx 91 \text{ rpm}$$

b) Para se determinar a rotação do rebolo de arraste, será utilizada a expressão:

$$n_r = \frac{v_r.1000}{\pi.d_r}$$

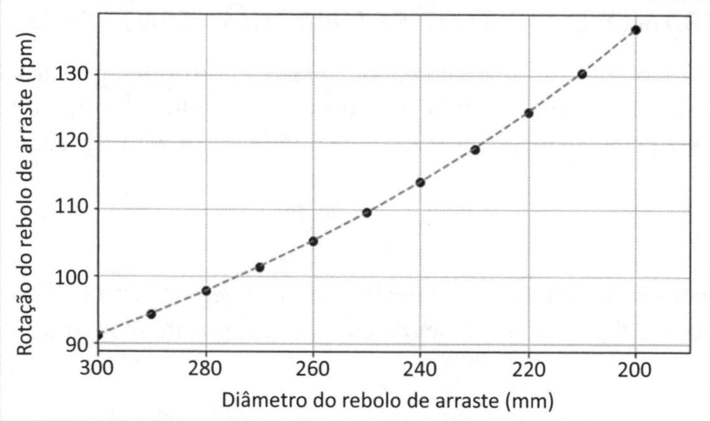

Observa-se que, à medida que o rebolo de arraste diminui, é necessário o aumento da sua rotação para se garantir uma velocidade de passagem da peça constante durante o processo de retificação.

c) Reescrevendo-se a Equação (3.4), tem-se:

$$v_S = \frac{\pi . d_S . n_S}{60000} \rightarrow n_s = \frac{v_s . 60000}{\pi . d_s}$$

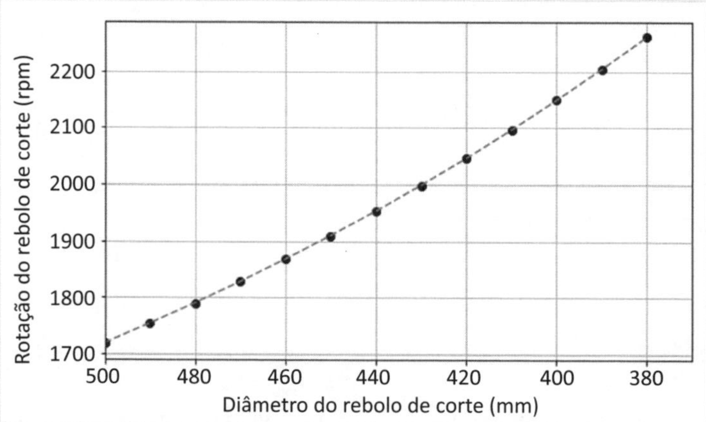

Neste exemplo, para manter a velocidade periférica do rebolo de corte constante (45 m/s), é necessário aumentar a rotação deste à medida que o diâmetro for reduzindo. As máquinas devem ser projetadas para que a correção da rotação em relação ao desgaste do rebolo de corte seja realizada automaticamente.

3.2 CÁLCULO DO NÚMERO DE REVOLUÇÕES DA PEÇA DURANTE O CICLO DE RETIFICAÇÃO *CENTERLESS*

O número de revoluções realizadas por uma peça durante a retificação, *U*, é uma grandeza adimensional que descreve a quantidade de voltas durante o tempo efetivo que a peça passa pelo vão de retificação (t_{fa}) e pode ser calculada da seguinte maneira:

$$U = n_w . t_{fa} \tag{3.6}$$

Para o processo de retificação *centerless* de passagem, o tempo efetivo que a peça passa pelo vão de retificação pode ser calculado da seguinte maneira:

$$t_{fa} = \frac{b_{eff}}{v_{fa}}, \tag{3.7}$$

em que:

$$v_{fa} = v_r . \text{sen}(\alpha_r) \tag{3.8}$$

$$v_r = \frac{v_w}{\cos(\alpha_r)} \tag{3.9}$$

Substituindo-se (3.9) em (3.8), tem-se:

$$v_{fa} = \frac{v_w}{\cos(\alpha_r)} . \text{sen}(\alpha_r) = v_w . \text{tg}(\alpha_r) \tag{3.10}$$

Substituindo-se (3.10) em (3.7), tem-se:

$$t_{fa} = \frac{b_{eff}}{v_w . \text{tg}(\alpha_r)}, \tag{3.11}$$

sendo que a velocidade periférica da peça pode ser calculada da seguinte maneira:

$$v_w = \pi . d_w . n_w \tag{3.12}$$

Substituindo-se (3.12) em (3.11), tem-se:

$$t_{fa} = \frac{b_{eff}}{\pi . d_w . n_w . \text{tg}(\alpha_r)} \tag{3.13}$$

Assim, substituindo-se (3.13) em (3.6), tem-se:

$$U = n_w \cdot \frac{b_{eff}}{\pi . d_w . n_w . \mathrm{tg}(\alpha_r)}$$

Portanto, o número de revoluções que a peça realiza para o processo de retificação *centerless* de passagem pode ser calculado de acordo com a Equação (3.14):

$$U = \frac{b_{eff}}{\pi . d_w . \mathrm{tg}(\alpha_r)}, \tag{3.14}$$

em que:

b_{seff} – comprimento efetivo do rebolo de corte (mm), que é correspondente ao comprimento do rebolo que contribui para a remoção de material da peça;

d_w – diâmetro da peça (mm);

α_r – ângulo de inclinação do rebolo de arraste (°).

Na retificação *centerless* de passagem, quanto menor for o ângulo de inclinação do rebolo de arraste, maior o número de revoluções da peça durante a sua passagem pelo vão de retificação. Geralmente, um maior número de revoluções proporciona uma melhor qualidade superficial da peça, pois, quanto maior o número de revoluções que a peça realiza durante o ciclo de retificação, menor é a espessura equivalente de corte, o que significa cavacos mais finos gerados durante a remoção de material. Isso resulta em uma superfície com menor rugosidade e menos desvios de circularidade.

Para o processo de retificação *centerless* de mergulho, o número de revoluções realizadas por uma peça durante o ciclo de retificação é calculado pela Equação (3.15) (KLOCKE e KÖNIG, 2005):

$$U = \frac{n_r . d_r . z}{d_w . v_{fr}}, \tag{3.15}$$

em que:

d_w – diâmetro da peça (mm);

v_{fr} – velocidade de avanço radial (mm/min);

n_r – rotação do rebolo de arraste (rpm);

$d_{r:}$– diâmetro do rebolo de arraste (mm);

z – sobremetal (mm).

Exemplo 3.2

Deseja-se retificar um pino com diâmetro de 28 mm e comprimento de 80 mm mediante o processo de retificação *centerless* de passagem. O rebolo de corte tem diâmetro de 520 mm e 300 mm de comprimento, e o rebolo de arraste possui diâmetro de 300 mm e comprimento de 300 mm.

a) Calcule o número de revoluções realizado pela peça durante seu processamento. O rebolo de arraste está ajustado a uma inclinação de 1,5º.

b) Determine a inclinação do rebolo de arraste para a retificação de um pino com 15 mm de diâmetro e comprimento de 20 mm, considerando o mesmo número de rotações da peça em relação à questão anterior.

c) Plote um gráfico representando a variação do número de revoluções em função da inclinação do rebolo de arraste. Considere variação da inclinação de 0,5 º a 5º e diâmetro da peça igual a 28 mm.

Resolução:

a) O número de revoluções para o processo de retificação *centerless* de passagem pode ser calculado utilizando-se a Equação (3.14):

$$U = \frac{b_{seff}}{\pi.d_w.\text{tg}(\alpha_r)} = \frac{300}{\pi.28.\text{tg}(1,5^\circ)} \approx 130,2$$

b) Reescrevendo-se a Equação (3.14), tem-se:

$$\alpha_r = \text{arctg}\left(\frac{b_{seff}}{\pi.d_w.U}\right) = \text{arctg}\left(\frac{300}{\pi.15.130,24}\right) = 2,8^\circ$$

c)

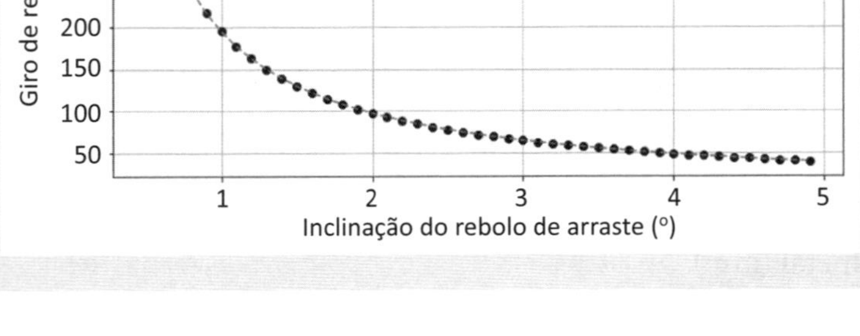

Conforme dados apresentados no gráfico, pode-se verificar que o número de revoluções diminui à medida que aumenta a inclinação do rebolo de arraste. Isso significa que a peça realiza uma quantidade maior de revoluções para menores inclinações do rebolo de arraste.

3.3 CÁLCULO DA TAXA DE REMOÇÃO DE MATERIAL E DA ESPESSURA EQUIVALENTE DE CORTE h_{eq} PARA OS PROCESSOS DE RETIFICAÇÃO *CENTERLESS* DE PASSAGEM E DE MERGULHO

Conforme Machado *et al.* (2015), a condição final de uma superfície usinada é resultado de um processo que envolve deformações elástica e plástica, ruptura, recuperação elástica, geração de calor, vibração e tensões residuais. O mecanismo de remoção de material consiste na penetração das arestas de corte dos grãos abrasivos do rebolo de corte na peça a uma determinada espessura de corte h_{eq}. Na Figura 3.2, tem-se representada a ação de um grão abrasivo durante a remoção de material.

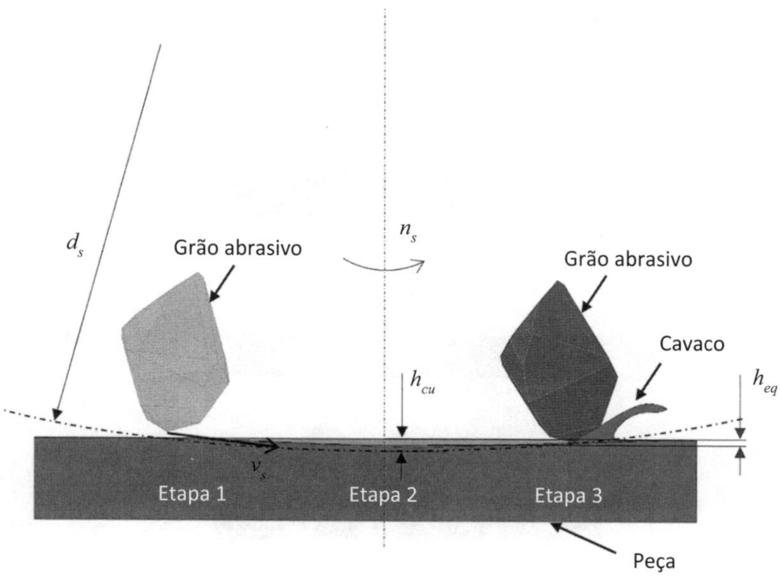

Figura 3.2 – Mecanismo de formação do cavaco na retificação.

Fonte: o autor.

O mecanismo de formação de cavaco é dividido em 3 etapas (KLOCKE e KÖNIG, 2005), conforme representadas esquematicamente na Figura 3.3, sendo:

- **Etapa 1** – inicia-se o contato do grão abrasivo com a peça, com um ângulo de incidência e uma velocidade efetiva de corte v_s (Figuras 3.3a e 3.3b). Devido à elasticidade da peça e do rebolo, nessa etapa só existem deformações elásticas. A energia é gasta em deformação, e o atrito ocorre entre a face de folga da aresta e o material da peça.
- **Etapa 2** – nesta etapa, ocorrem tanto deformações elásticas como deformações plásticas na peça, mas não necessariamente há formação do cavaco (Figura 3.3c).
- **Etapa 3** – conforme a aresta do grão abrasivo prossegue em sua trajetória, aumenta-se a deformação do material, atingindo-se dessa forma o valor da pressão crítica de corte, que representa a pressão mínima necessária para ocorrer a ruptura do material no processo de corte. A partir desse ponto é que se iniciam o corte e, consequentemente, a formação do cavaco (Figura 3.3d), e os fenômenos de escoamento e cisalhamento do material ocorrem simultaneamente.

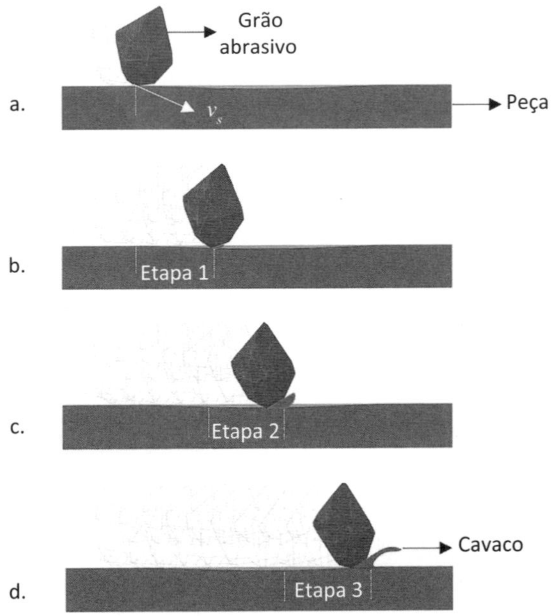

Figura 3.3 – Representação esquemática do mecanismo de remoção de material pelo grão abrasivo.

Fonte: o autor.

Em virtude da parcela de deformação elastoplástica resultante das duas primeiras etapas, apenas parte da profundidade prevista de penetração h_{cu} é realmente removida, sendo chamada de espessura efetiva de corte, h_{eq} (KLOCKE e KÖNIG, 2005).

Conforme Bianchi, Aguiar e Piubeli (2004), todo esse mecanismo de remoção de material está associado à formação de calor na zona de corte (contato entre peça/rebolo), tornando-se necessário o uso de fluido lubrirrefrigerante durante a retificação de material para garantir, principalmente, a integridade das propriedades mecânicas da peça. Os tipos, características, propriedades e técnicas de aplicação de fluido lubrificante no processo de retificação *centerless* estão apresentados de forma detalhada no Capítulo 6.

A espessura equivalente de corte é um parâmetro que depende da dinâmica do processo de retificação. Conforme Malkin e Guo (2008), ela é dada pela razão entre a taxa de remoção de material, Q'_w, e a velocidade periférica do rebolo de corte, v_s. Conforme Diniz, Marcondes e Coppini (1999) e Oikawa *et al.* (2011), o aumento da espessura equivalente de corte causa o aumento dos valores de rugosidade da peça, em virtude da geração de maiores cavacos; por outro lado, ocorre o aumento dos esforços de corte, o que tem como consequência a redução da vida útil do rebolo. Em contrapartida, quando a velocidade de corte é elevada, ocorre a diminuição das forças de corte.

Para o processo de retificação *centerless*, a espessura equivalente de corte pode ser calculada de acordo com a Equação (3.16).

$$h_{eq} = \frac{Q'_w}{v_s} \tag{3.16}$$

A taxa de remoção de material, Q'_w, representa o volume de material removido, V_w, pelo tempo de ciclo de retificação, t_c, com base no comprimento do rebolo, b_{seff}, e é dada em mm³/mm.s, ou seja:

$$Q'_w = \frac{V_w}{t_c . b_{seff}} \tag{3.17}$$

Já o volume de material removido, V_w, de um componente cilíndrico pode ser calculado da seguinte maneira:

$$V_w = \pi . d_w . l_{we} . \frac{z}{2}, \tag{3.18}$$

em que z representa o sobremetal (mm), que é a diferença entre o diâmetro inicial (d_{wi}) e o diâmetro final (d_w) da peça após a retificação, e l_{we} representa o comprimento efetivo da peça (mm), que corresponde ao comprimento ao longo do qual ocorre a remoção de material na peça, conforme a Figura 3.4.

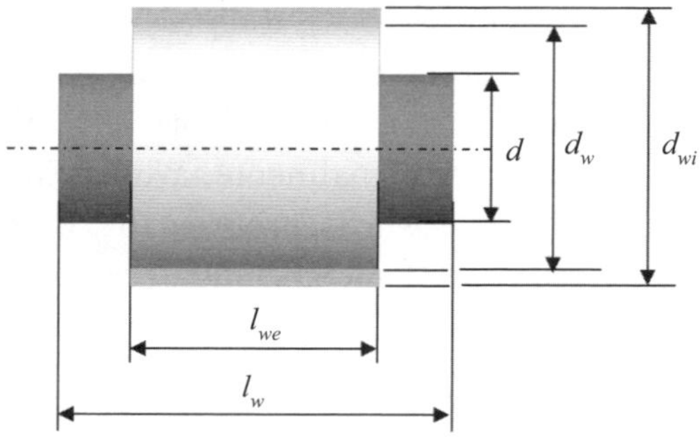

Figura 3.4 – Representação dos comprimentos efetivo e total de um componente.

Fonte: o autor.

O tempo de ciclo no processo de retificação *centerless* de passagem é determinado pela relação entre o comprimento total da peça, l_w, e a velocidade de passagem, e expresso normalmente em min/peça.

$$t_c = \frac{l_w}{v_{fa}} \tag{3.19}$$

Substituindo-se as Equações (3.18) e (3.19) na Equação (3.17), tem-se:

$$Q'_w = \frac{\pi . d_w . l_{we} . \frac{z}{2}}{\frac{l_w}{v_{fa}} . b_{seff}} \tag{3.20}$$

Portanto, pode-se calcular a taxa de remoção de material da seguinte maneira:

$$Q'_w = \frac{\pi . d_w . l_{we} . z . v_{fa}}{2 . l_w . b_{seff}} \tag{3.21}$$

Como a velocidade de passagem da peça no processo de retificação *centerless* é dada em m/min, deve-se fazer o ajuste na equação, e, dessa forma, pode-se calcular a taxa de remoção de material conforme Equação (3.22):

$$Q'_w = \frac{\pi . d_w . l_{we} . z . v_{fa}}{2 . l_w . b_{seff}} . \frac{1000}{60}, \tag{3.22}$$

em que:

Q'_w – taxa de remoção de material (mm³/mm.s);

z – sobremetal da peça (mm);

v_{fa} – velocidade de passagem da peça (m/min);

d_w – diâmetro da peça (mm);

b_{seff} – comprimento efetivo do rebolo de corte (mm), correspondente ao comprimento do rebolo que contribui para a remoção de material da peça;

l_{we} – comprimento efetivo da peça (mm);

l_w – comprimento total da peça (mm).

Para o processo de retificação externa *centerless* de mergulho, a taxa de remoção de material pode ser calculada conforme a Equação (3.23) (KLOCKE, 2017):

$$Q'_w = a_e.n_w.\pi.d_w, \tag{3.23}$$

em que:

a_e – profundidade de corte;

n_w – rotação da peça;

d_w – diâmetro da peça.

A taxa de remoção de material específica é uma variável importante no processo de retificação, a qual possibilita comparações precisas entre diferentes rebolos e processos de retificação. Além disso, é utilizada para a definição do tempo de ciclo de diferentes produtos em um processo de retificação *centerless.*

O tempo de ciclo, t_c, é utilizado nos processos de retificação para o cálculo do tempo total de processamento, t_t, de determinada quantidade de peças, Z_T, e utiliza a seguinte Equação:

$$t_t = t_c.Z_T \tag{3.24}$$

Exemplo 3.3

Deseja-se retificar o diâmetro externo de um componente cilíndrico mediante o processo de retificação *centerless* de passagem. Sabendo que a taxa de remoção de material definida para esse processo é de 0,80 mm³/mm.s, calcule:

a) a velocidade de passagem e o tempo de ciclo para a retificação desse componente;

b) o tempo necessário para a retificação de 50 mil componentes;

c) a rotação do rebolo de arraste, sabendo que este está ajustado a uma inclinação de 2º;

d) a espessura equivalente de corte para a retificação desse componente.

Dados dos rebolos	Componente cilíndrico
Diâmetro do rebolo de corte = 550 mm Comprimento efetivo do rebolo de corte = 350 mm Diâmetro do rebolo de arraste = 250 mm Comprimento do rebolo de arraste = 350 mm Rotação do rebolo de corte = 45 m/s Comprimento efetivo da peça = 20 mm	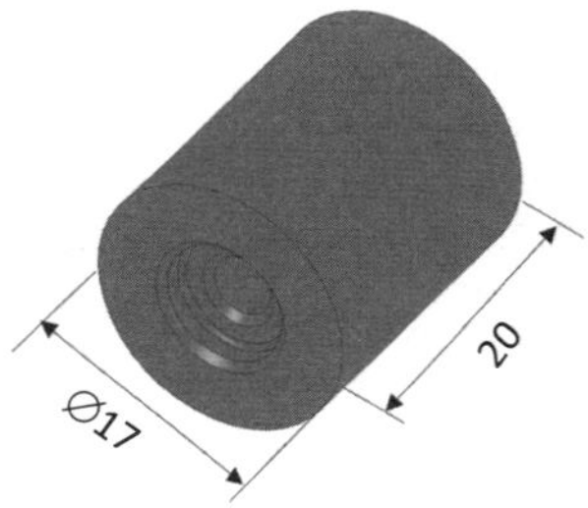 Sobremetal: 0,25 mm

Resolução:

a) Sabendo que a taxa de remoção é:

$$Q'_w = \frac{\pi . d_w . l_{we} . z . v_{fa}}{2 . l_w . b_{seff}} . \frac{1000}{60}$$

então, a velocidade de passagem é dada por:

$$v_{fa} = \frac{2 . l_w . b_{seff} . Q'_w}{\pi . d_w . l_{we} . z} . \frac{60}{1000}$$

$$v_{fa} = \frac{2.20.350.0,8}{\pi .17.20.0,25} . \frac{60}{1000} = 2,52 \text{ m/min} = 2520 \text{ mm/min}$$

Tempo de ciclo: $t_c = \frac{l_{we}}{v_{fa}} = \frac{20}{2520} = 0,007937$ min/peça ou aproximadamente 126 peças.

b) O tempo total necessário para retificação de 50 mil componentes pode ser calculado a partir do produto do tempo de ciclo pela quantidade de componentes que se deseja retificar.

$t_t = 0,007937.\ 50000 = 396,85$ min

c) Sabendo que a velocidade periférica do rebolo de arraste expressa em m/min é dada como: $v_{fa} = v_r .\ \text{sen}(\alpha_r)$, temos:

$$v_r = \frac{v_{fa}}{\text{sen}(\alpha_r)} = \frac{2,52}{\text{sen}(2°)} = 72,2 \text{ m/min}$$

Lembrando que:

$$v_r = \frac{\pi.d_r.n_r}{1000},$$

tem-se:

$$n_r = \frac{v_r.1000}{\pi.d_r} = \frac{72,2.1000}{\pi.250} = 92 \text{ rpm}$$

d) A espessura equivalente de corte pode ser obtida pela Equação (3.16):

$$h_{eq} = \frac{Q'_w}{v_s} = \frac{0,8}{45} = 0,01778 \text{ mm}$$

Exemplo 3.4

Um componente com diâmetro igual a 23 mm e comprimento igual a 50 mm é retificado em um processo de retificação *centerless* de passagem a uma velocidade de passagem de 3 m/min. Calcule a taxa de remoção de material considerando os dados a seguir:

Diâmetro do rebolo de corte = 600 mm

Comprimento efetivo do rebolo de corte = 400 mm

Comprimento efetivo da peça = 48 mm

Diâmetro do rebolo de arraste = 350 mm

Comprimento do rebolo de arraste = 400 mm

Rotação do rebolo de corte = 45 m/s

Sobremetal: 0,3 mm

Resolução:

Utilizando-se a Equação (3.22) para o cálculo da taxa de remoção de material, tem-se:

$$Q'_w = \frac{\pi . d_w . l_{we} . z . v_{fa}}{2 . l_w . b_{seff}} . \frac{1000}{60}$$

$$Q'_w = \frac{\pi .23.48.0,3.3}{2.50.400} . \frac{1000}{60} = 1,3 \text{ mm}^3/\text{mm.s}$$

3.4 FORMAÇÃO DO DESVIO DE CIRCULARIDADE NA RETIFICAÇÃO *CENTERLESS*

O desvio de circularidade em peças retificadas é uma das características de qualidade geométrica mais relevantes nos processos de retificação, pois precisa ser controlada dentro dos valores de tolerância exigidos para atender aos requisitos funcionais pretendidos.

O desvio de circularidade, Δ, representa o desvio radial macrogeométrico entre o círculo máximo inscrito (MIC) e o círculo mínimo circunscrito (MCC) de um perfil de circularidade da seção de um componente circular retificado, conforme representado na Figura 3.5. Esse método é denominado círculo mínimo de zona (MZC).

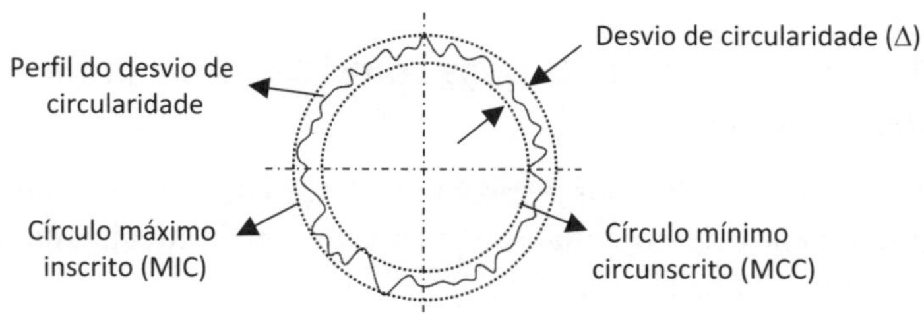

Figura 3.5 – Desvio de circularidade.

Fonte: o autor.

Outro método de medição do desvio de circularidade é o dos mínimos quadrados (LSC). Em virtude da simplicidade de cálculo, é comumente utilizado nos aparelhos para a medição do perfil e do desvio de circularidade. Conforme Novaski (2017), o método LSC consiste em calcular o centro de uma circunferência de tal modo que o quadrado das somas das distâncias dos pontos amostrados até a circunferência seja mínimo, conforme representado esquematicamente na Figura 3.6.

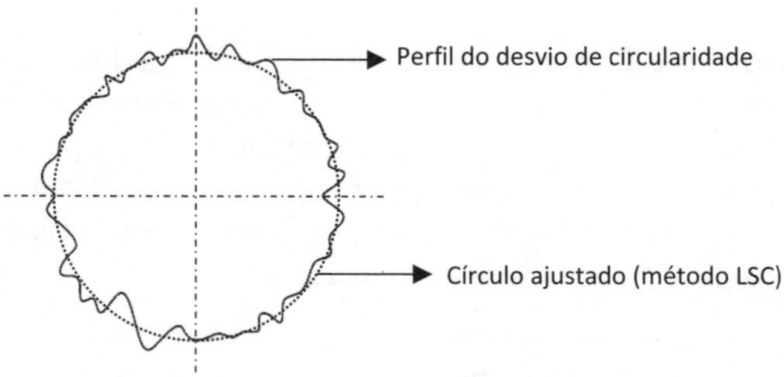

Figura 3.6 – Perfil de circularidade com o círculo ajustado pelo método LSC.

Fonte: o autor.

Entender o mecanismo de formação do erro de circularidade na retificação *centerless* é de suma importância, principalmente para definir a altura de ajuste da peça e o ângulo da régua de apoio. Dessa forma, são apresentadas a seguir análises detalhadas que tornam evidentes o motivo pelo qual a peça deve ser ajustada fora da linha de centros dos rebolos, a importância do ângulo da régua de apoio e como a relação simultânea desses parâmetros contribui para minimizar os desvios de circularidade no processo de retificação *centerless*.

Análise 1: linha de centro da peça coincide com a linha de centro dos rebolos

Nesta primeira análise, será considerada a retificação de uma peça circular com uma circunferência de raio constante e uma saliência idealizada sobre ela, conforme apresentado na Figura 3.7.

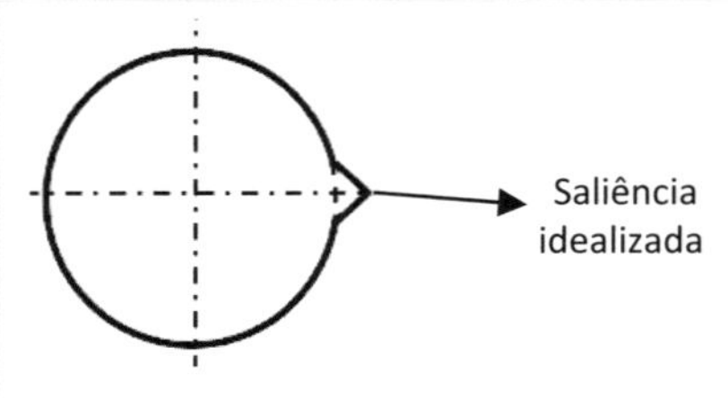

Figura 3.7 – Representação esquemática de uma saliência idealizada em uma peça circular.

Fonte: adaptada de Gonçalves Neto (2008).

Para esta análise, o centro da peça localiza-se na mesma linha de centro dos rebolos de corte e arraste. Como a peça não é fixada entre pontas rotativas, mas somente apoiada sobre uma régua de apoio durante a retificação, quando a saliência da peça tocar a superfície da régua de apoio (ponto de contato A), a peça se movimentará verticalmente para cima, retificando-a a uma nova profundidade de corte a_{e1}, conforme apresentado na Figura 3.8a.

Na sequência, a saliência da peça entra em contato com o rebolo de arraste (ponto de contato A), e a peça é movimentada no sentido diametralmente oposto à saliência, contra o rebolo de corte, fazendo com que ocorra um aumento da profundidade de corte. Nesse caso, ocorrerá a retificação da peça a uma profundidade de corte a_{e2} maior que a_{e1} (ponto de contato C), segundo a Figura 3.8b.

Em virtude dessa variação da profundidade de corte, o desvio de circularidade da peça ajustada nessa condição aumenta. Além disso, após a retificação, um perfil do desvio de circularidade da peça no formato triangular geralmente é gerado.

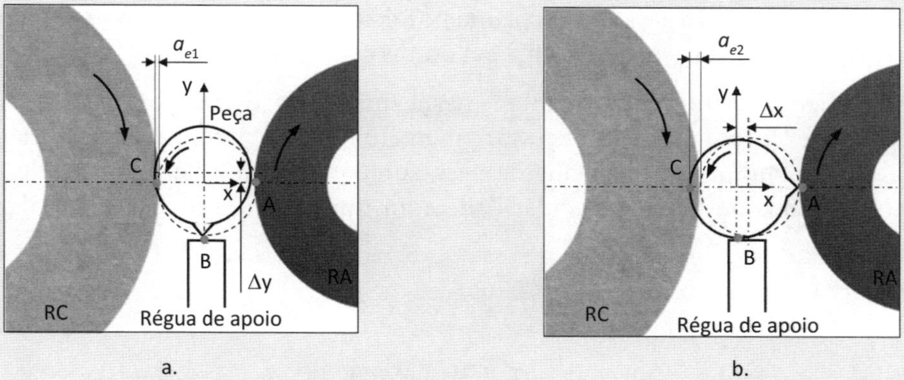

Figura 3.8 – Geração do desvio de circularidade considerando-se uma peça com irregularidade.

Fonte: adaptada de Gonçalves Neto (2008).

Análise 2: peça circular ideal (sem desvio de circularidade) posicionada na mesma linha de centro dos rebolos

Neste caso, considera-se a remoção do material na circunferência de uma peça circular ideal, sem saliência, conforme a Figura 3.9.

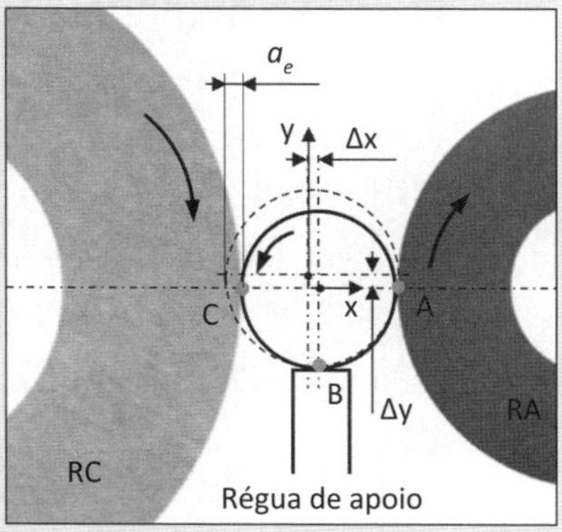

Figura 3.9 – Geração do desvio de circularidade considerando-se uma peça circular ideal.

Fonte: adaptada de Gonçalves Neto (2008).

Assim, à medida que a peça é retificada, por meio do contato com o rebolo de corte, reduz-se o raio da peça. Cada variação na forma da peça tem como consequência uma mudança da posição da peça em relação à posição inicial, nos sentidos dos eixos x e y. Os descolamentos da peça, Δx e Δy, geram, portanto, irregularidade na peça, que resulta em outras saliências.

Ao realizar a retificação apresentada nesta análise, um diâmetro constante na peça será obtido, mas não necessariamente na forma circular. Nessas situações, o desvio de circularidade da peça aumenta a cada rotação, gerando o aumento dos desvios de circularidade com um perfil da forma triangular, conforme a Figura 3.10.

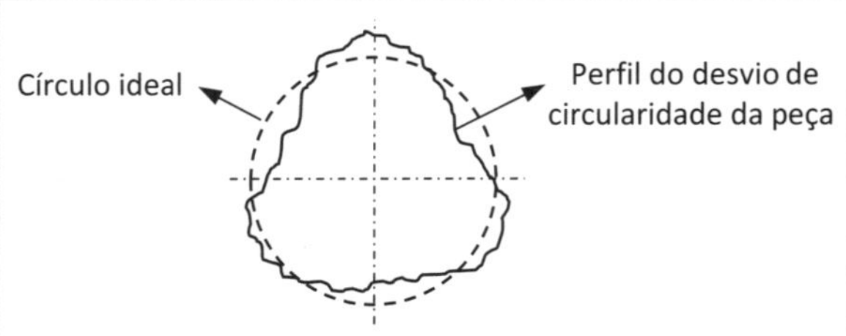

Figura 3.10 – Contorno da peça no formato triangular.

Fonte: adaptada de Gonçalves Neto (2008).

Análise 3: peça posicionada acima da linha de centro dos rebolos e apoiada em uma régua com um ângulo na sua superfície

Buscando minimizar a variação da profundidade de corte a cada rotação da peça e, assim, corrigir os desvios de circularidade no processo de retificação *centerless*, a peça deve ser ajustada mediante os seguintes procedimentos:

- primeiramente, a altura da régua de apoio deve ser alterada de forma que a peça fique localizada fora da linha de centro dos rebolos;
- em seguida, deve-se utilizar a régua de apoio com um ângulo na superfície de contato com a peça.

Nessa configuração, o movimento da peça será sobre o plano inclinado (régua de apoio). Assim, quando o ponto mais alto da peça (saliência) estiver em contato com o rebolo de arraste, o correspondente ponto não será diametralmente oposto, pois a peça se movimentará sobre a superfície inclinada, resultando em menores descolamentos da peça (Δx e Δy) durante a retificação (Figura 3.11).

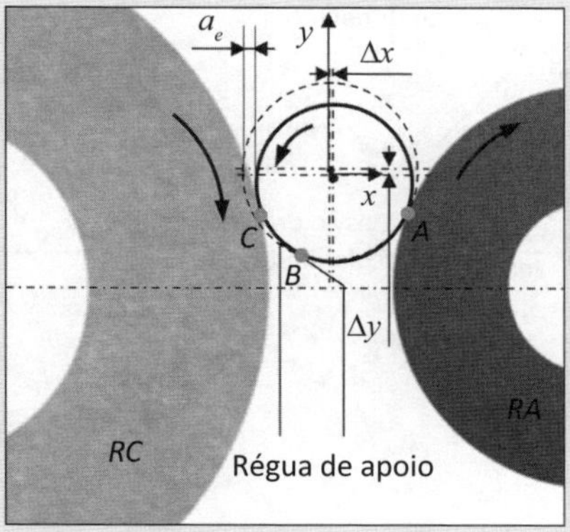

Figura 3.11 – Posição geométrica da peça.

Fonte: adaptada de Gonçalves Neto (2008).

As análises tornam evidente que a diferença da posição geométrica da peça em relação à linha de centro dos rebolos e o ângulo da régua de apoio possuem influência significativa na caracterização do efeito do desvio de circularidade na peça, segundo demonstrado nas Figuras 3.8, 3.9 e 3.11. Na sequência, será mostrado como calcular a altura da peça e o ângulo da régua para se obterem menores desvios de circularidade na retificação *centerless*.

A ação corretiva para minimizar o descolamento da peça no vão de retificação e reduzir os desvios de circularidade da peça depende, muitas vezes, do ajuste de variáveis, como o ângulo da régua de apoio, a altura de posicionamento da peça, os parâmetros de dressagem, a velocidade do rebolo de arraste, bem como do balanceamento do rebolo de corte, do nivelamento da máquina, dentre outros fatores.

Um fator limitante na retificação *centerless* é quando a peça começa a vibrar e não obtém as características exigidas de qualidade. Tal vibração pode ser causada quando a régua é ajustada em uma altura muito elevada ou quando há folgas e desgastes em componentes da máquina. Além dessas, outra fonte de vibração refere-se à frequência natural dos componentes da máquina, que pode ocorrer em todo sistema de retificação.

A seguir, na Figura 3.12, estão relacionados os principais fatores do processo de retificação *centerless* de passagem que podem influenciar no valor do desvio de circularidade da peça retificada, caso não estejam definidos ou ajustados de forma adequada.

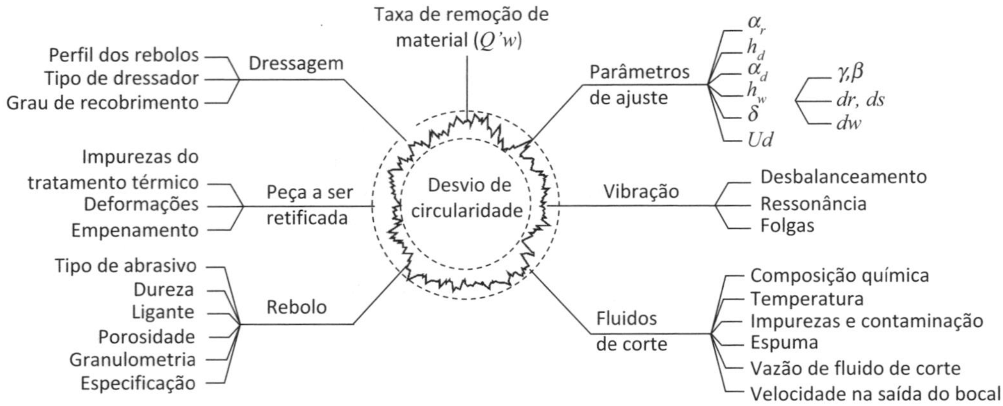

Figura 3.12 – Fatores que podem interferir no desvio de circularidade no processo de retificação *centerless* de passagem.

Fonte: o autor.

3.5 ESTABILIDADE GEOMÉTRICA DO PROCESSO DE RETIFICAÇÃO *CENTERLESS*

No que tange à retificação *centerless*, o ângulo da régua de apoio, β, e o ângulo de tangência, γ, são os dois principais parâmetros geométricos para o ajuste do posicionamento da peça no vão de retificação. Esses ângulos estão associados aos deslocamentos que a peça sofre durante a retificação e possuem influência direta na geração do desvio de circularidade da peça (REEKA, 1967).

Conforme Reeka (1967), Friedrich (2004) e Gallego (2007), a estabilidade geométrica do processo de retificação *centerless* pode ser definida pelo coeficiente de estabilidade geométrica, pois, por meio deste, é possível estabelecer uma melhor combinação entre o ângulo de tangência e o ângulo da régua, de modo que a oscilação da peça durante a retificação seja a menor possível e, consequentemente, haja menor desvio de circularidade.

O coeficiente de estabilidade geométrica G para o processo de retificação *centerless* pode ser obtido pela Equação a seguir (REEKA, 1967):

$$G = \frac{\cos(\beta + \gamma_s)}{\cos(\beta - \gamma_r)}.e^{\left(-iZ.\phi_2\right)} + \frac{\operatorname{sen}(\gamma)}{\cos(\beta - \gamma_r)}.e^{\left(-iZ.\phi_1\right)} \tag{3.25}$$

Desse modo, conforme a Figura 3.13, tem-se:

$$\phi_2 = \frac{\pi}{2} - \beta - \gamma s$$

$$\phi_1 = \pi - \beta$$

$$\gamma = \gamma_r + \gamma_s$$

$$\gamma r = \text{tg}\left(\frac{\text{sen}(\gamma)}{\cos(\gamma) + \dfrac{dr}{ds}} \right)$$

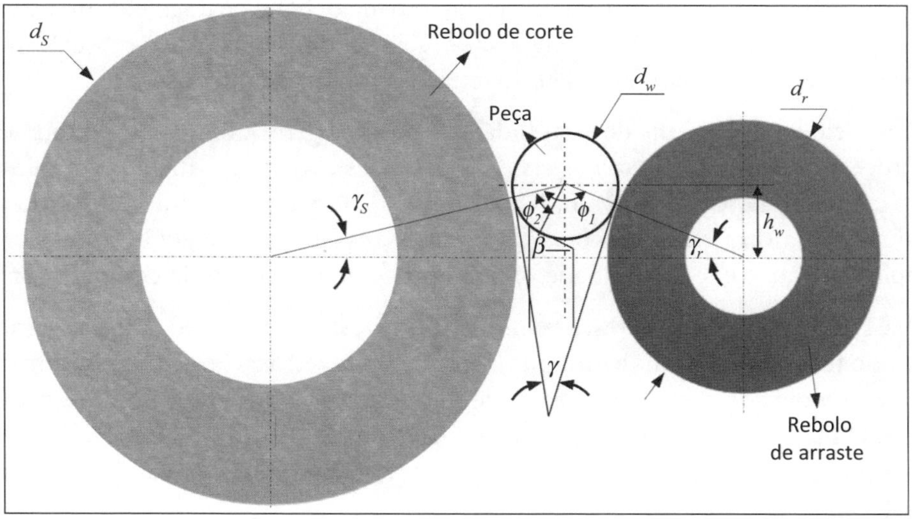

G – coeficiente de estabilidade
Z – número teórico de ondulações
β – ângulo da régua de apoio
h_w – altura entre centros
ϕ_1 – ângulo de contato: peça-rebolo de corte e peça-régua de apoio
ϕ_2 – ângulo de contato: peça-rebolo de corte e peça-rebolo de arraste
γ – ângulo de tangência
γ_r – ângulo de tangência do rebolo de arraste
γ_S – ângulo de tangência do rebolo de corte
d_w – diâmetro da peça
d_r – diâmetro do rebolo de arraste
d_S – diâmetro do rebolo de corte

Figura 3.13 – Representação geométrica do vão de retificação.

Fonte: o autor.

Como mencionado anteriormente, durante a remoção de material no processo de retificação *centerless*, ocorrem pequenos deslocamentos da peça a cada rotação nas direções x e y. No que tange à intensidade de deslocamento, devem-se considerar a remoção de material a cada revolução, as irregularidades na peça antes da retificação, o ajuste do ângulo de tangência e, ainda, o ângulo da régua de apoio. O ângulo de tangência e o ângulo da régua podem ser definidos matematicamente pelo coeficiente de estabilidade, de tal maneira que correspondam a um menor deslocamento da peça durante a retificação e, consequentemente, a menores desvios de circularidade.

O coeficiente de estabilidade indicado pela letra G representa o comportamento do deslocamento da peça durante a remoção de material, o qual possibilita uma afirmação teórica sobre a estabilidade do processo de retificação *centerless*.

Nesse sentido, o processo dito estável (ideal) é aquele em que o desvio de circularidade é minimizado durante a retificação, ou seja, quando ocorrem menores deslocamentos da peça durante a remoção de material e, consequentemente, uma menor variação da profundidade de corte. Caso contrário, quanto maior o deslocamento da peça durante a remoção de material, maior será a variação na profundidade de corte, agravando, assim, o desvio de circularidade. Para esse caso, o processo é dito instável.

Por meio do coeficiente de estabilidade, é possível gerar um mapa de estabilidade do processo de retificação *centerless* e, a partir deste, definir a melhor combinação entre o ângulo da régua de apoio, β, e o ângulo de tangência, γ, que é utilizado para o cálculo da altura entre centros, h_w. Contudo, como envolve equações algébricas complexas, o mapa de estabilidade só pode ser gerado com auxílio computacional.

Na Figura 3.14, está representado o mapa de estabilidade geométrica, gerado a partir do teorema da estabilidade, para o processo de retificação *centerless* de mergulho com rebolos de corte e de arraste de diâmetros 400 mm e 250 mm, respectivamente. O mapa de estabilidade do processo, em particular, indica, para cada combinação de ângulo da régua de apoio β e ângulo de tangência γ, regiões que caracterizam a estabilidade do processo.

Quanto às linhas pretas no mapa de estabilidade, estas indicam o limite de estabilidade do processo, enquanto as regiões de contraste de cores (escuro/claro) representam o número teórico de ondulações Z, que pode ser quantificado com auxílio da barra de contraste de cores da Figura 3.14. Salienta-se que a melhor combinação de γ e β é aquela mais próxima das linhas pretas e que representa um maior número teórico de ondulação (Z). Como demonstrado no mapa a seguir, para uma régua com ângulo de apoio igual a 25°, os valores ideais do ângulo de tangência são $\gamma = 4{,}7°$ e $\gamma = 8{,}3°$. Os valores de gama são utilizados para o cálculo da altura da peça, h_w, apresentado na sequência deste Capítulo.

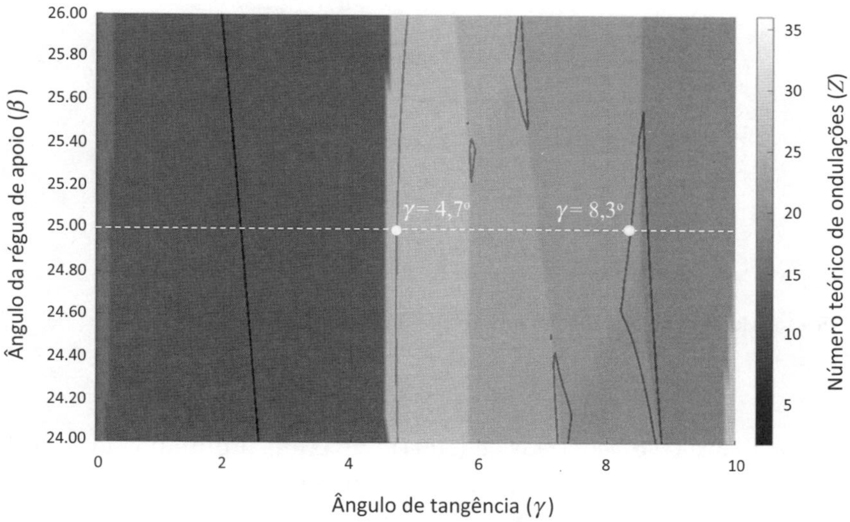

Figura 3.14 – Mapa de estabilidade gerado para o processo de retificação *centerless* de mergulho com dimensões dos rebolos d_s = 400 mm e d_r = 250 mm.

Fonte: o autor.

Dessa forma, o processo será considerado estável quando a combinação do ângulo da régua de apoio, *β*, com o ângulo de tangência, *γ*, indicar no mapa de estabilidade um valor de *Z* maior que 20 (barra de contraste de cores) e que intercepte as linhas pretas. Assim, quanto maior o número teórico de ondulações, menor será o desvio de circularidade da peça após a retificação; e, ainda, quanto mais próximo das linhas pretas, menor o deslocamento da peça no vão de retificação e, consequentemente, menor o desvio de circularidade da peça após a retificação.

No que tange ao número teórico de ondulações em uma peça, temos que este relaciona-se com o desvio de circularidade desta após a retificação. Ao considerar-se a hipótese de que a circunferência da peça admite a forma aproximada de uma oscilação harmônica, quanto maior o número teórico de ondulações na peça, menor o desvio de circularidade (REEKA, 1967; FRIEDRICH, 2004).

Assim, na Figura 3.15, observa-se que, quanto maior o número teórico de ondulação, menor será a profundidade de corte (a_e) e, consequentemente, maior o desvio de circularidade.

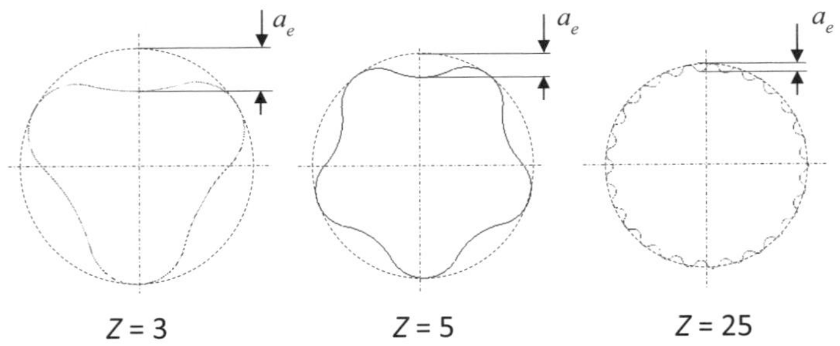

Figura 3.15 – Desvio de circularidade em função do número de ondulação *Z*.

Fonte: o autor.

Conforme Reeka (1967) e Friedrich (2004), a máxima profundidade de corte a_e do rebolo de corte na peça pode ser determinada teoricamente conforme Equação (3.26):

$$a_e = \frac{d_w}{2} + \frac{d_S}{4} + \frac{d_S.Z^2}{8} - \sqrt{-\frac{d_w}{4}.\left(d_S + d_w\right) + \left(\frac{d_w}{2} + \frac{d_S}{4} + \frac{d_S.Z^2}{8}\right)^2} \tag{3.26}$$

Esse efeito representa, no processo de retificação *centerless*, o comportamento aproximado da variação do desvio de circularidade em função do número de ondulações na peça. Já o número teórico de ondulações é um valor de referência utilizado no mapa de estabilidade para definir a melhor relação entre β e γ, para que resulte, após a retificação, em um menor desvio de circularidade.

No processo de retificação *centerless* de passagem, o rebolo de arraste após a dressagem adquire um formato hiperbólico, além de ser inclinado para garantir o movimento de passagem da peça (Figura 3.16). A variação da altura entre centros, h_w, na entrada, na saída e no ponto médio do rebolo pode ser observada nas Figuras 3.17, 3.18 e 3.19.

Como resultado, os ângulos tangentes possuem diferentes valores ao longo do comprimento do rebolo e, por conseguinte, também o índice de estabilidade *G* muda continuamente. Logo, no processo de retificação *centerless* de passagem, é importante avaliar as regiões de estabilidade no mapa para os diferentes ângulos de tangência (entrada, saída e ponto médio do rebolo).

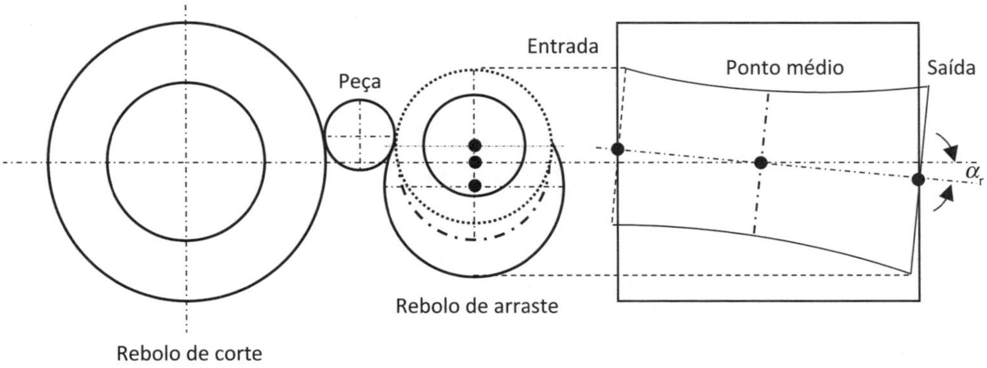

Figura 3.16 – Formato do rebolo de arraste após a dressagem.

Fonte: o autor.

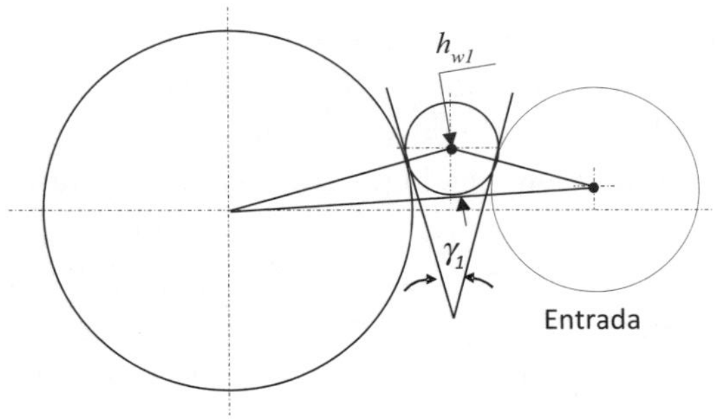

Figura 3.17 – Representação da altura h_{w1} (início do rebolo).

Fonte: o autor.

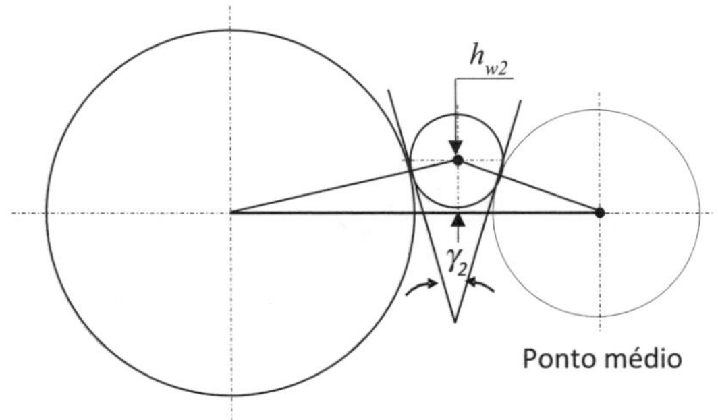

Figura 3.18 – Representação da altura h_{w2} (ponto médio).

Fonte: o autor.

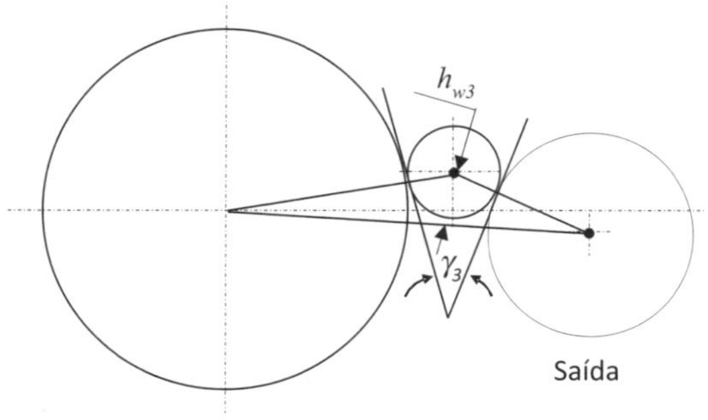

Figura 3.19 – Representação da altura h_{w3} (final do rebolo).

Fonte: o autor.

A definição dos parâmetros e o ajuste correto de uma retificadora *centerless* podem não só reduzir o valor da rugosidade e do desvio de circularidade, mas, também, corrigir o perfil do formato das peças provenientes de processos anteriores, como após torneamento, tratamento térmico, retificação de desbaste, dentre outros. Na Figura 3.20a, é apresentado o valor do desvio de circularidade LSC de um componente circular (4 mm x 12 mm) proveniente do processo de tratamento térmico, na ordem de 13,245 μm. Após o primeiro passe de retificação, observa-se, além da correção do perfil de circularidade, a redução significativa do valor do desvio de circularidade de 13,245 μm para 2,829 μm (Figura 3.20b). Na Figura 3.20c, observa-se a redução do valor do desvio de circularidade (de 3,829 μm para 0,889 μm) e a correção do perfil de circularidade da peça após o segundo passe de retificação.

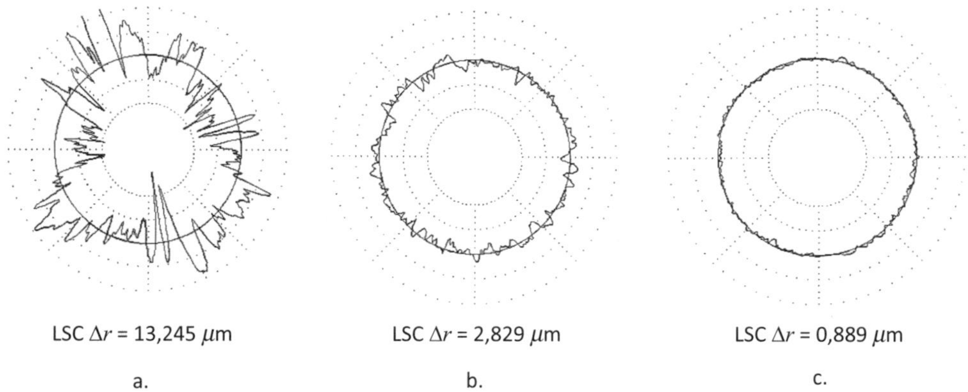

Figura 3.20 – Perfis do desvio de circularidade.

Fonte: o autor.

3.6 CÁLCULO DA ALTURA DA PEÇA (h_w) PARA O PROCESSO DE RETIFICAÇÃO *CENTERLESS*

As variáveis para o cálculo do ajuste da altura da peça ou altura entre centros (h_w) em uma retificadora *centerless* de passagem são: diâmetros dos rebolos, diâmetro da peça a ser retificada e ângulo de tangência (γ), o qual é formado pelos pontos de tangência entre a peça e os rebolos e é a principal variável para calcular a altura entre centros h_w.

A altura entre centros ou altura da peça, h_w, é a distância entre a linha de referência do centro da peça e o segmento de reta que vai do centro do rebolo de corte ao centro do rebolo de arraste, conforme apresentado na Figura 3.21.

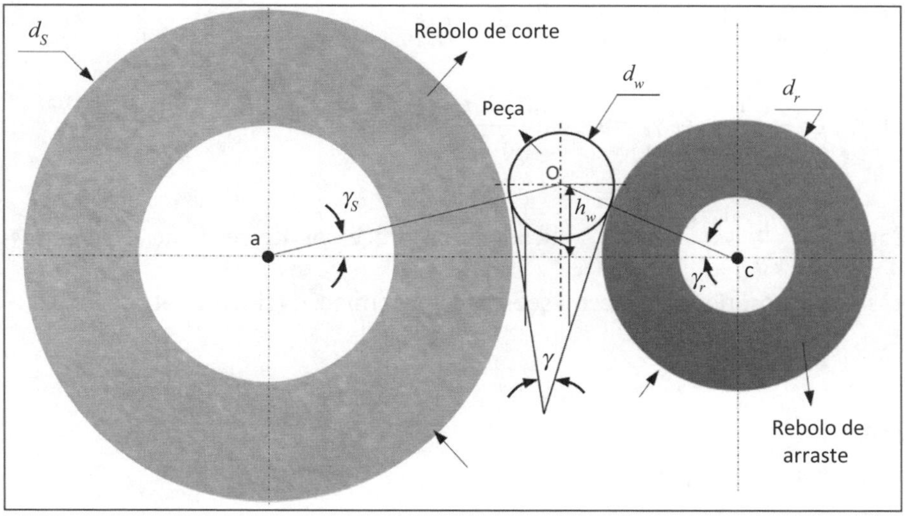

Figura 3.21 – Altura da peça em relação ao centro dos rebolos.

Fonte: o autor.

Da Figura 3.21, têm-se as seguintes relações trigonométricas:

$$\gamma_r + \theta' + \gamma + \theta + \gamma_s = 180° \tag{3.27}$$

$$\theta' = 90° - \gamma \tag{3.28}$$

$$\theta = 90° - \gamma \tag{3.29}$$

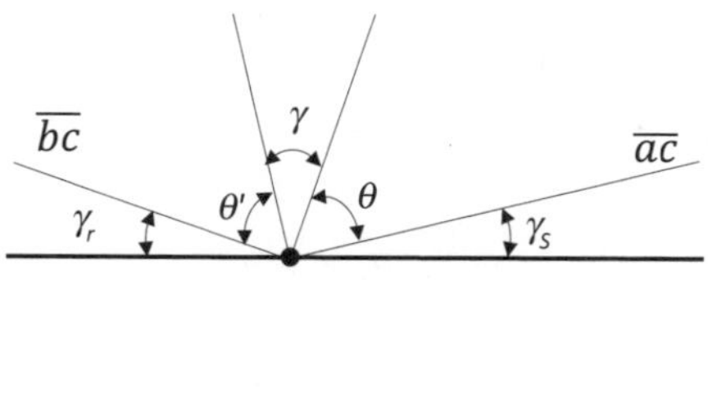

Substituindo-se (3.28) e (3.29) em (3.27), tem-se:

$$\gamma_r + \gamma_s = \gamma \tag{3.30}$$

Do triângulo aôc da figura ao lado, tem-se:

$$\overline{ao} = \frac{d_S + d_w}{2}$$

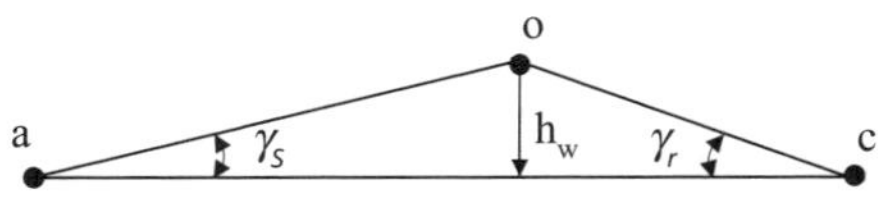

$$\overline{co} = \frac{d_r + d_w}{2}$$

$$\text{sen}(\gamma_s) = \frac{2.h_w}{d_S + d_w} \rightarrow \gamma_s = \text{arcsen}\left(\frac{2.h_w}{d_S + d_w}\right)$$

$$\text{sen}(\gamma_r) = \frac{2.h_w}{d_r + d_w} \rightarrow \gamma_r = \text{arcsen}\left(\frac{2.h_w}{d_r + d_w}\right)$$

Como $\frac{2.h_w}{d_S + d_w}$ e $\frac{2.h_w}{d_r + d_w}$ aplicados aos processos de retificação *centerless* são valores pequenos, pode-se fazer a seguinte aproximação trigonométrica:

$$\gamma_s \cong \left(\frac{2.h_w}{d_S + d_w}\right) \tag{3.31}$$

$$\gamma_r \cong \left(\frac{2.h_w}{d_r + d_w}\right) \tag{3.32}$$

Substituindo-se as Equações (3.31), (3.32) e (3.30), e convertendo ângulos em radianos, tem-se:

$$\frac{2.h_w}{d_S + d_w} + \frac{2.h_w}{d_r + d_w} = \gamma \quad \rightarrow \quad \frac{2.h_w\left[(d_r + d_w) + (d_S + d_w)\right]}{(d_S + d_w).(d_r + d_w)} = \gamma.\frac{\pi}{180}$$

Assim, a altura entre centros (h_w) pode ser calculada mediante a seguinte Equação:

$$h_w = \frac{\gamma.\pi}{360}.\frac{(d_r + d_W).(d_S + d_W)}{d_r + d_S + 2.d_W} \tag{3.33}$$

Determinar corretamente a altura h_w é fundamental para a correção dos desvios de circularidade durante o processo de retificação. Quanto ao valor ideal do ângulo de tangência (γ), este pode ser definido pelo teorema da estabilidade geométrica em função do ângulo da régua de apoio (β) e dos diâmetros dos rebolos, como mencionado anteriormente.

No processo de retificação *centerless*, a peça pode ser ajustada tanto acima como abaixo da linha de centro dos rebolos. A seguir, a Tabela 3.1 traz um comparativo das principais características da retificação quando a peça é posicionada acima e abaixo da linha de centro.

Tabela 3.1 – Características da retificação abaixo e acima do centro

Peça acima do centro dos rebolos	Peça abaixo do centro dos rebolos
Maior quantidade de regiões de estabilidade (conforme análise realizada utilizando-se o teorema de estabilidade), o que permite maior campo de ajuste da altura entre centros.	Poucas regiões de estabilidade geométrica para ajuste da altura entre centros.
Menor esforço da peça na régua de apoio e, por consequência, menor desgaste e maior vida útil da régua de apoio.	Menor vida útil da régua de apoio em virtude do maior esforço da peça sobre ela.
Para produtos pequenos ou com diâmetro maior que o comprimento, é necessário o uso de uma régua de superior.	Não há a possibilidade do tombamento de peças que possuem diâmetro maior que o comprimento. A peça é posicionada abaixo da linha de centro dos rebolos, mantendo-se apoiada na régua inferior.

Exemplo 3.5

O diâmetro externo do componente apresentado na figura a seguir será retificado mediante o processo de retificação *centerless* de passagem. O rebolo de corte tem diâmetro de 500 mm e comprimento de 200 mm, e o rebolo de arraste tem diâmetro de 300 mm e comprimento de 200 mm. Considere para esse processo o ângulo de tangência $\gamma = 9°$.

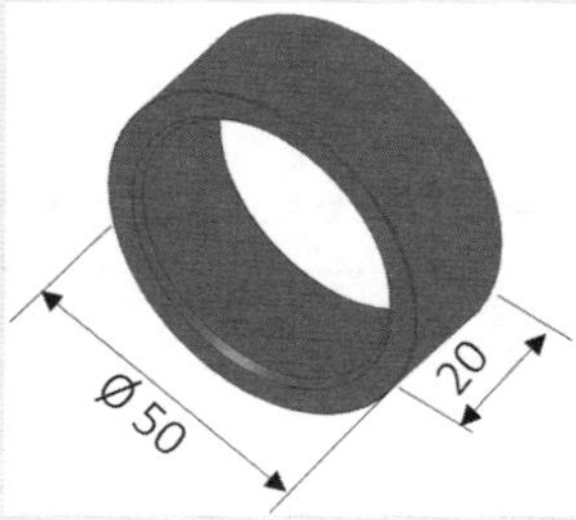

a) Calcule a altura (h_w) adequada para o ajuste da peça no vão de retificação.

b) Calcule a altura (h_w) quando os rebolos estiverem com as seguintes dimensões:

- diâmetro do rebolo de corte: 430 mm;
- diâmetro do rebolo de arraste: 250 mm.

c) Plote um gráfico indicando a altura entre centros (h_w) em relação à variação do diâmetro do rebolo de corte (diâmetro inicial de 500 mm e diâmetro final de 380 mm). Considere diâmetro do rebolo de arraste igual a 300 mm.

d) Considerando o diâmetro do rebolo de arraste de 300 mm, o diâmetro do rebolo de corte de 500 mm e o ângulo de tangência igual a 9°, calcule a altura entre centros para o ajuste da retificadora *centerless* para os componentes indicados na tabela a seguir.

Diâmetro (mm)	Comprimento (mm)
45	50
60	25
75	30
80	30
88	27
95	38
120	40

Solução:

a) Utilizando-se a Equação (3.33), pode-se calcular a altura entre centros h_w.

$$h_w = \frac{\gamma.\pi}{360}.\frac{(d_r + d_W).(d_S + d_W)}{d_r + d_S + 2.d_W} = \frac{9.\pi}{360}.\frac{(300+50).(500+50)}{300+500+2.50} = 16,8 \text{ mm}$$

b) De forma análoga à letra (a), tem-se:

$$h_w = \frac{\gamma.\pi}{360}.\frac{(d_r + d_W).(d_S + d_W)}{d_r + d_S + 2.d_W} = \frac{9.\pi}{360}.\frac{(250+50).(430+50)}{250+430+2.50} = 14,5 \text{ mm}$$

c) O gráfico é gerado utilizando-se a Equação (3.33):

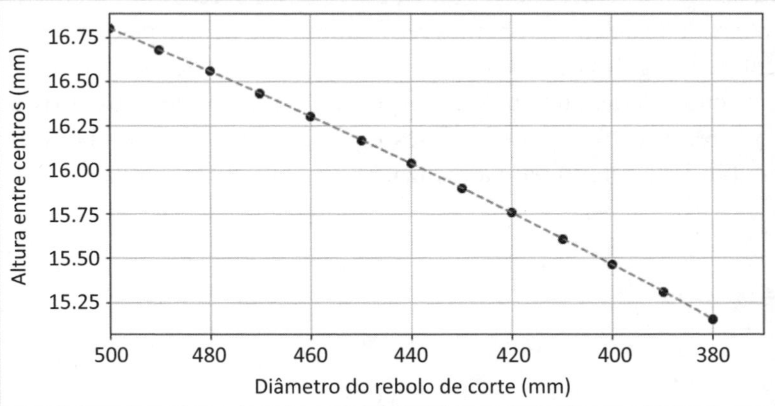

d) Utilizando novamente a equação 3.33 para calcular as alturas entre centros h_w, tem-se:

Diâmetro (mm)	Comprimento (mm)	Altura h_w (mm)
45	50	16,6
60	25	17,2
75	30	17,8
80	30	18,0
88	27	18,4
95	38	18,6
120	40	19,7

Conforme dados do gráfico, observa-se que a altura entre centros deve ser ajustada com o desgaste do rebolo de corte.

3.7 VARIAÇÃO DO DESVIO DE CIRCULARIDADE EM RELAÇÃO AO ÂNGULO DE TANGÊNCIA (γ)

O cálculo da altura da peça requer uma definição precisa do ângulo de tangência para que, durante o processo de retificação, os desvios e a circularidade requeridos sejam atendidos. E isso torna-se possível pela utilização do teorema de estabilidade, conforme comentado na Seção 3.5.

Experimentos realizados no processo de retificação *centerless* de passagem evidenciam a interferência do ângulo de tangência nos valores do desvio de circularidade e no perfil de circularidade após a retificação. Os resultados estão representados no gráfico da Figura 3.22, que indica a variação dos desvios de circularidade da peça em função do ângulo de tangência. No experimento descrito, foram utilizados: régua de apoio com ângulo $\beta = 20°$, rebolo de corte de 480 mm e rebolo de arraste de 310 mm.

Observa-se que os valores de $\gamma = 0°$, 1°, 2°, 3°, 5° e 10° resultaram em maiores desvios de circularidade dos componentes retificados. Isso ocorre pelo fato de esses valores representarem regiões de instabilidade para o processo de retificação. Os menores valores de circularidade, com menor dispersão, foram obtidos para os ângulos de tangência $\gamma = 6°$, 9° e 10,5°. Esses valores representam regiões estáveis de acordo o mapa de estabilidade gerado para a realização desses experimentos.

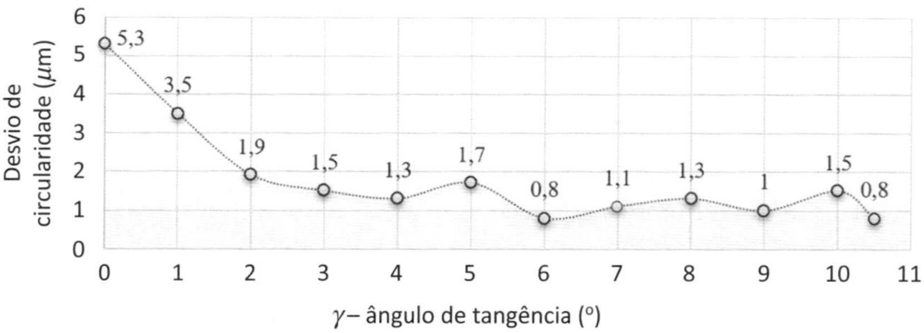

Figura 3.22 – Influência do ângulo de tangência no desvio de circularidade.

Fonte: adaptada de Gonçalves Neto (2008).

No que tange à região de instabilidade, esta representa uma maior variação da profundidade de corte durante o processo de retificação, o que resulta em maiores desvios de circularidade após a retificação.

Os perfis de circularidade para os experimentos correspondentes estão representados na Figura 3.23. Observa-se que para os valores dos ângulos de tangência 0° e 1° as peças apresentam formato triangular. Já para ângulos 2°, 3° e 4°, as peças apresentam formato pentagonal. Esses pontos indicaram no mapa de estabilidade regiões instáveis. Assim, as peças com melhor formato circular foram obtidas para os ângulos de tangência 6°, 7°, 9° e 10,5°.

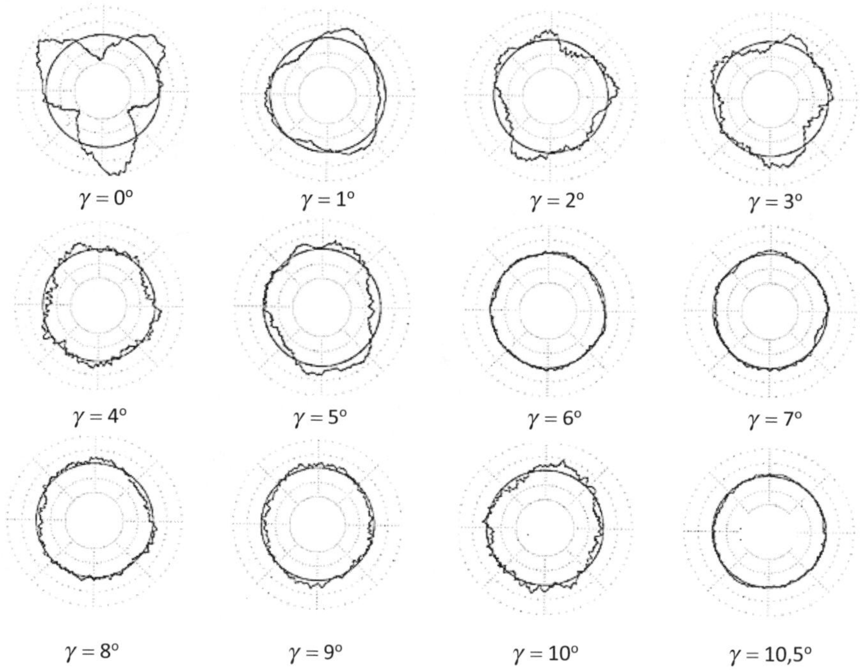

Figura 3.23 – Perfis dos desvios de circularidade em função do ângulo de tangência.

Fonte: adaptada de Gonçalves Neto (2008).

3.8 VARIAÇÃO DO DESVIO DE CIRCULARIDADE EM RELAÇÃO AO ÂNGULO DA RÉGUA DE APOIO

O ângulo da régua de apoio é uma variável que exerce influência significativa nas características de desvio de circularidade da peça durante o processo de retificação *centerless*. A alteração desse ângulo pode aumentar ou diminuir o descolamento da peça durante a retificação, interferindo na alteração da profundidade de corte e, consequentemente, no valor do desvio de circularidade. Nesses termos, para o processo de retificação, o ângulo da régua de apoio pode variar entre 5° e 40°.

Na prática industrial, os ângulos da régua compreendidos entre 20° e 30° atendem à maioria das aplicações. O ângulo ideal da régua depende dos diâmetros dos rebolos e da peça a ser retificada, e pode ser definido teoricamente por meio do teorema de estabilidade, apresentado na Seção 3.5.

Testes realizados com diferentes ângulos da régua de apoio evidenciam a influência destes no desvio de circularidade. Pela observação da Figura 3.24, utilizando-se um ângulo de tangência constante (γ= 10,5°) para ajuste da altura h_w, os menores valores de circularidade foram obtidos utilizando-se régua de apoio com ângulos β = 20° e β = 30°.

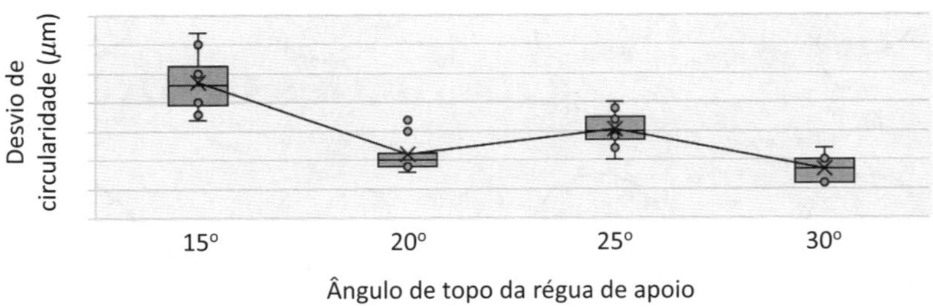

Figura 3.24 – Influência do ângulo da régua de apoio no desvio de circularidade.

Fonte: adaptada de Gonçalves Neto (2008).

CAPÍTULO 4
Operações de dressagem na retificação *centerless*

Este Capítulo apresenta de forma bastante detalhada os procedimentos para se realizar a dressagem dos rebolos de corte e de arraste, e aborda também as ferramentas de dressagem, destacando suas principais vantagens, além dos diversos métodos de dressagem do rebolo de corte. Os parâmetros de dressagem e seus efeitos nas características topográficas do rebolo e no processo de retificação *centerless* também são apresentados, bem como os parâmetros envolvidos na dressagem do rebolo de arraste e o efeito do perfil deste na trajetória da peça durante a retificação.

4.1 PROCEDIMENTO DE DRESSAGEM DOS REBOLOS

A dressagem é um procedimento utilizado no processo de retificação para corrigir as irregularidades dos rebolos e definir o seu formato e, principalmente, suas características topográficas. Esse procedimento pode interferir significativamente na eficiência do processo de retificação, pois a topografia gerada no rebolo de corte influencia diretamente as forças de retificação e o mecanismo de remoção de material (TAWAKOLI e DANESHI, 2013). Já em relação ao rebolo de arraste, além de corrigir as irregularidades geradas na superfície do rebolo durante a retificação, esse procedimento promove o atrito necessário para rotacionar e/ou garantir o movimento de passagem da peça. Ademais, é por meio dos procedimentos e dos parâmetros de dressagem que se define o perfil adequado do rebolo de arraste.

4.2 DRESSAGEM DO REBOLO DE CORTE

Durante a remoção de material da peça pelo rebolo de corte, os grãos abrasivos deste vão se desgastando, sua superfície vai se tornando cada vez mais irregular e, por causa desse desgaste, o seu formato e o seu perfil são alterados. Além disso, dependendo dos intervalos de dressagem, os cavacos gerados durante a remoção de material podem se alojar nos poros do rebolo. Na Figura 4.1, pode ser vista a estrutura de um rebolo com cavacos empastados na sua superfície.

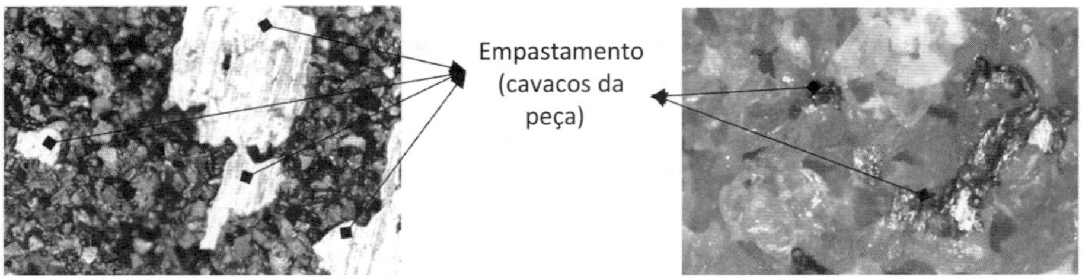

a. Rebolo com grãos abrasivos de nitreto de boro cúbico (cBN)

b. Rebolo com grãos abrasivos de óxido de alumínio (Al_2O_3)

Figura 4.1 – Empastamento da fusão de cavacos na superfície de rebolos de corte.

Fonte: o autor.

Quando isso ocorre, o poder de remoção de material pelo rebolo diminui, o que leva ao aumento das forças de corte e da potência requerida da máquina. Dessa forma, as tolerâncias das características de qualidade (rugosidade, circularidade, cilindricidade e outras) podem não ser mais atendidas, além de haver o risco de queima de retificação devido à presença de cavaco nos poros do rebolo, que, ao atritar com a peça, aumenta significativamente a temperatura na zona de corte. Assim, a dressagem consiste em passar um dressador pelo rebolo, movimentando-o axialmente em relação ao rebolo de corte a determinadas velocidade e profundidade de dressagem. Esse procedimento visa manter ou alterar a ação de corte dos grãos abrasivos, restaurar sua coaxialidade e sua topografia ou gerar um perfil específico no rebolo, quando necessário.

Nas Figuras 4.2, 4.3 e 4.4, estão representadas as três formas básicas de dressagem do rebolo de corte com o uso de dressadores diamantados, comumente utilizadas nos processos de retificação *centerless*.

Os dressadores estáticos percorrem a superfície do rebolo no sentido axial do rebolo de corte, removendo material a uma determinada profundidade a_{eds} (Figura 4.2).

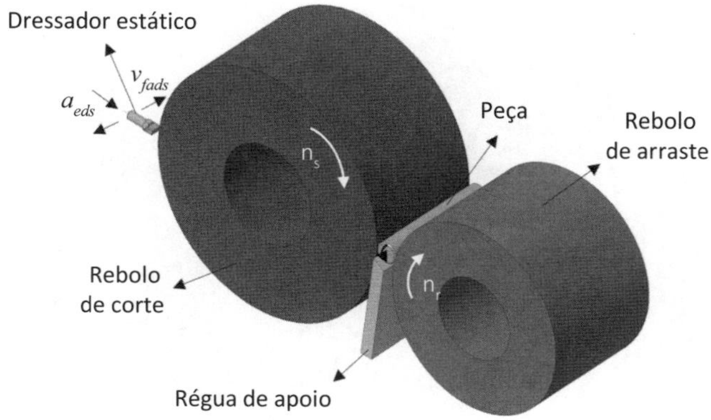

Figura 4.2 – Dressagem com dressador estático.

Fonte: o autor.

A dressagem também pode ser realizada com o uso de um dressador rotativo (disco dressador). O disco percorre a superfície do rebolo no sentido axial, podendo rotacionar tanto no sentido concordante como no sentido discordante em relação ao sentido de rotação do rebolo de corte (Figura 4.3).

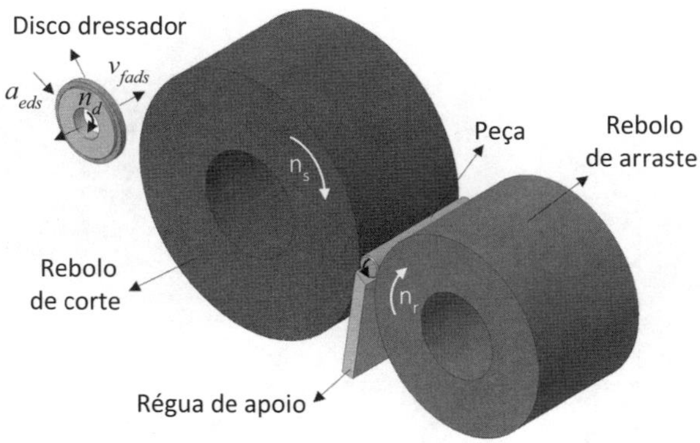

Figura 4.3 – Dressagem com dressador rotativo (disco dressador).

Fonte: o autor.

A dressagem do rebolo de corte também pode ser realizada por meio de uma ferramenta de dressagem com o mesmo perfil e comprimento do produto que está sendo retificado. Essa ferramenta é denominada rolo dressador, e a dressagem é realizada com o movimento de mergulho da ferramenta na superfície do rebolo. Os sentidos de rotação do rebolo dressador também podem ser ajustados tanto no sentido concordante quanto no sentido discordante (Figura 4.4).

Figura 4.4 – Dressagem com dressador rotativo (rolo dressador).

Fonte: o autor.

Os dressadores são ferramentas feitas de diamantes (naturais ou sintéticos) embutidos em uma matriz metálica (ODEBRECHT, 2003). No processo de retificação *centerless* de passagem, utilizam-se para dressagem do rebolo de corte dressadores estáticos – ponta única (Figura 4.5a) ou conglomerado de diamantes (Figuras 4.5b, 4.5c, 4.5d e 4.5e) – ou rotativos – disco dressador (Figura 4.6).

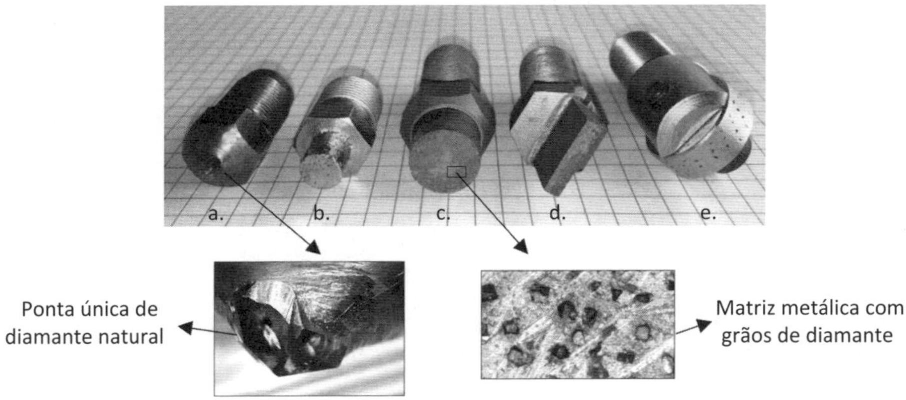

Figura 4.5 – Dressadores estáticos.

Fonte: o autor.

Figura 4.6 – Dressador rotativo (disco dressador).

Fonte: o autor.

No processo de retificação *centerless* de mergulho, além do dressador estático e do disco dressador, utiliza-se também o rolo dressador, representado na Figura 4.7. A grande vantagem do rolo dressador é um menor tempo de dressagem, visto que a ferramenta possui a mesma largura e o mesmo perfil do rebolo de corte; assim, a dressagem é realizada somente pelo movimento de mergulho. A desvantagem no uso de rolo dressador está relacionada ao custo da ferramenta, além de ser necessário um tipo de rolo dressador para cada geometria do produto a ser retificado.

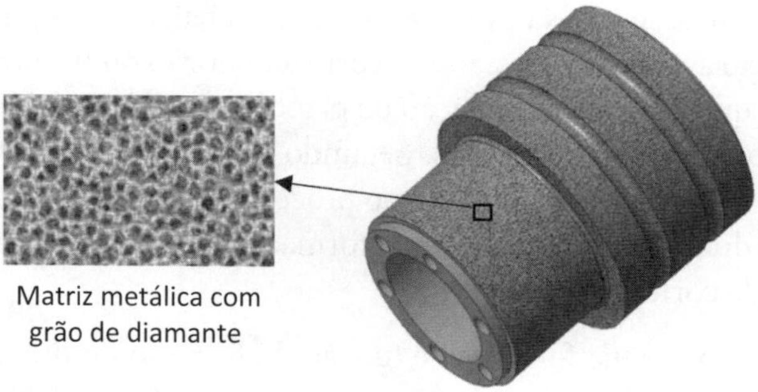

Figura 4.7 – Dressador rotativo (rolo dressador).

Fonte: o autor.

Conforme Klocke e König (2005) e Wegener *et al.* (2011), a operação de dressagem do rebolo pelo dressador pode provocar a fratura ou o desprendimento dos grãos abrasivos da superfície do rebolo, conforme ilustrado esquematicamente na Figura 4.8.

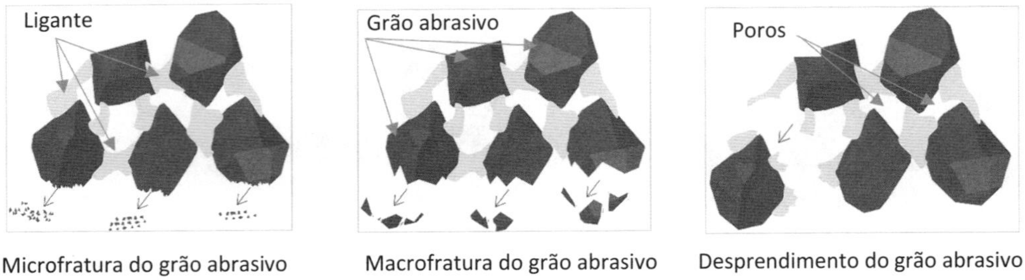

Figura 4.8 – Efeito da operação de dressagem no rebolo de corte.

Fonte: o autor.

Dependendo dos parâmetros e das condições de dressagem, a operação produz no rebolo superfícies de trabalho compostas de micro e macroefeitos, que são definidos da seguinte maneira:

- **Microefeito** – formado pelo arrancamento dos grãos desgastados e pela fratura dos grãos que não se desgastaram por completo, em que novas arestas de corte são geradas pelo dressador (MALKIN, 1989). A agressividade das novas arestas formadas depende, em grande escala, da friabilidade do grão e das condições de dressagem. Na dressagem fina com baixa profundidade de penetração e baixo avanço do dressador, ocorre a remoção ou fratura de grãos pequenos, fato que propicia a formação de planos nas superfícies de corte dos grãos, tornando-os menos agressivos. Segundo Hassui e Diniz (2003), um grande número de arestas cortantes torna o processo de formação do cavaco mais eficiente, reduzindo as perdas com deformações plásticas e elásticas do material na zona de corte.
- **Macroefeito** – a sua formação é função do formato do dressador, da profundidade de penetração e do passo de dressagem (Malkin, 1989). Segundo Hassui e Diniz (2003), no macroefeito existe um pequeno número de arestas de corte dos grãos abrasivos ativas que, individualmente, são responsáveis por remover grandes quantidades de material.

4.2.1 CÁLCULO DO GRAU DE RECOBRIMENTO E RELAÇÃO DE VELOCIDADE q_d NA DRESSAGEM

O grau de recobrimento U_d é um caracterizador das condições de dressagem do rebolo de corte, as quais englobam o tipo de dressador, a velocidade axial de dressagem, a rotação do rebolo de corte e a profundidade de dressagem (WEGENER *et al.*, 2011; LINKE, 2008). Na Figura 4.9, está representado o mecanismo cinemático do processo de dressagem, no qual o dressador desloca-se transversalmente ao rebolo, penetrando a uma profundidade de dressagem a_{ed} e a uma determinada largura de atuação de dressagem, também denominada largura de contato, b_d. Esse processo pode gerar fratura dos grãos abrasivos pelo dressador, provocando o surgimento de uma espiral na superfície do rebolo (CATAI, 2004; MINKE, 1999).

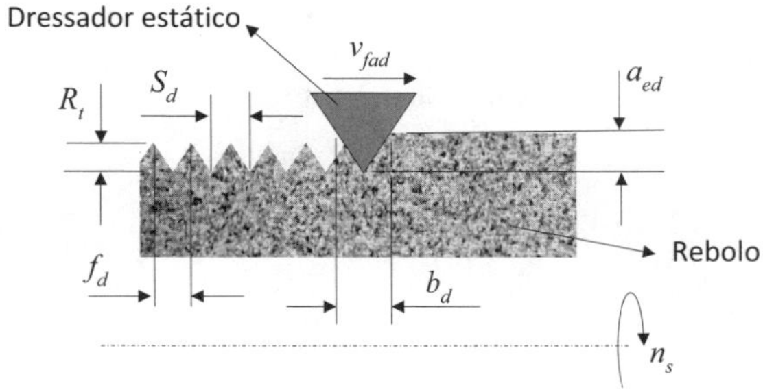

Figura 4.9 – Mecanismo cinemático do processo de dressagem.

Fonte: o autor.

O grau de recobrimento U_d é determinado simplesmente pelo quociente da largura da ferramenta de dressagem b_d pelo avanço axial f_d:

$$U_d = \frac{b_d}{f_d} \tag{4.1}$$

Vê-se ilustrado esquematicamente na Figura 4.10 o mecanismo cinemático do processo de dressagem com diferentes graus de recobrimento. O grau de recobrimento para os processos de retificação *centerless* de passagem, seja com uso de dressador conglomerado, seja com uso de disco dressador, deve ser sempre maior que 1 para que se obtenham as tolerâncias de qualidade requeridas. Caso contrário, as espirais formadas na superfície do rebolo podem provocar marcas a superfície retificada.

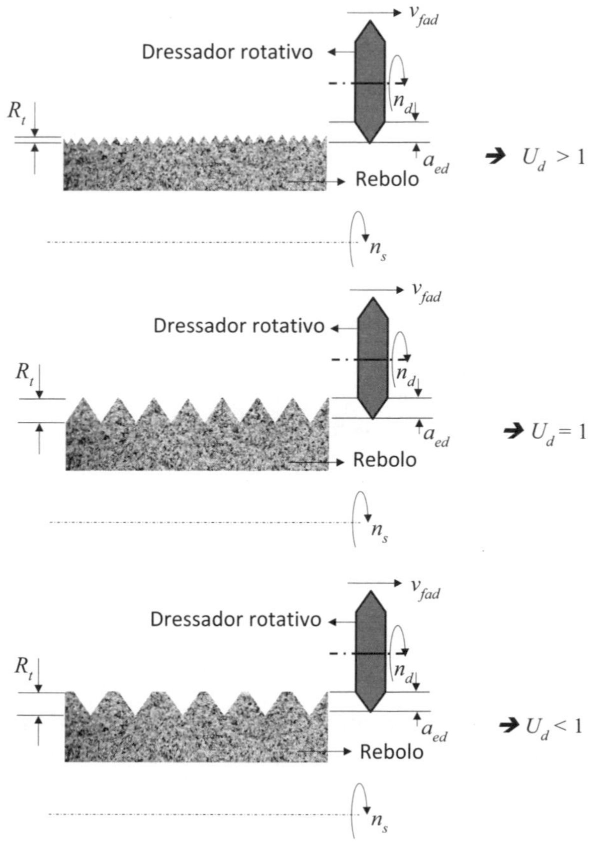

Figura 4.10 – Mecanismo cinemático do processo de dressagem de rebolos.

Fonte: o autor.

O produto do avanço de dressagem, f_d, por rotação do rebolo de corte, n_s, resulta na velocidade axial de dressagem, v_{fad}:

$$v_{fad} = f_d \cdot n_s \tag{4.2}$$

A dressagem do rebolo de corte, com o uso de disco ou de rolo dressador, pode ser realizada no sentido concordante, ou seja, o rebolo e a ferramenta de dressagem rotativa giram em sentidos opostos; ou no sentido discordante, em que o rebolo e a ferramenta de dressagem rotativa giram no mesmo sentido, conforme as Figuras 4.11 e 4.12, respectivamente. O sentido de giro da ferramenta de dressagem rotativa e a relação de velocidade tangencial entre rebolo e dressador fazem com que o rebolo fique com maior ou menor agressividade. Por sua vez, a agressividade do rebolo influi diretamente no valor da rugosidade da peça retificada (FUNES JUNIOR *et al.*, 2010). Por outro lado, quanto mais agressivo é o rebolo, maiores são a capacidade de remoção de material e os valores de rugosidade.

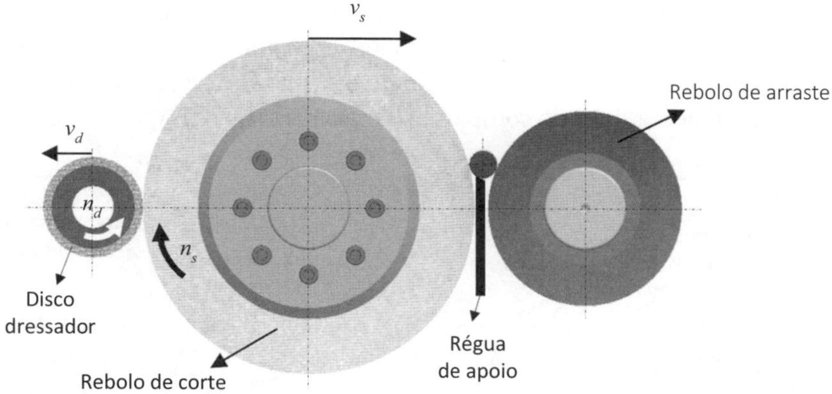

Figura 4.11 – Dressagem no sentido concordante.

Fonte: o autor.

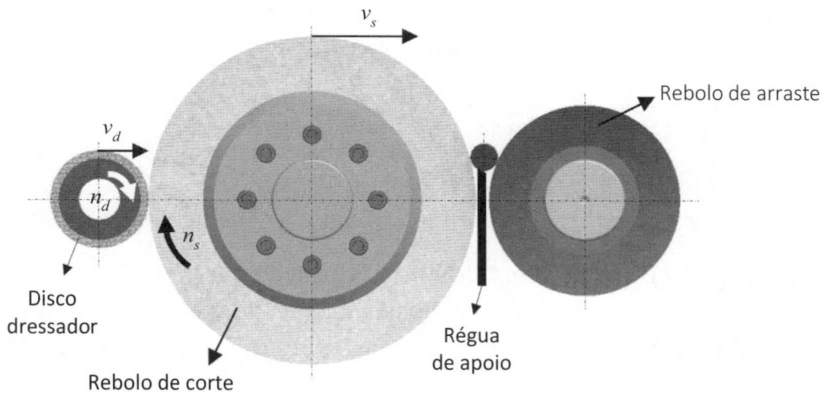

Figura 4.12 – Dressagem no sentido discordante.

Fonte: o autor.

No caso da retificação de desbaste, a rugosidade possui valores admissíveis altos; então, recomenda-se a dressagem no sentido concordante, a qual promove uma superfície no rebolo mais agressiva, o que facilita a ação de corte. Já para a retificação de acabamento, em que se privilegia a qualidade da superfície da peça retificada, recomenda-se a dressagem no sentido discordante.

Além do sentido de giro, a relação de velocidade q_d é de suma importância para os efeitos de agressividade do rebolo. Essa agressividade do rebolo, promovida pela dressagem com o uso de ferramenta rotativa, pode ser mais bem entendida se considerarmos somente um grão de diamante posicionado na ferramenta de dressagem rotativa.

As Figuras 4.13a e 4.13b representam esquematicamente a trajetória teórica e a penetração do grão de diamante no rebolo de corte para a dressagem nos sentidos concordante e discordante, respectivamente. As figuras evidenciam o comprimento de contato (definido pelo ângulo de contato φ) da ação dos grãos abrasivos no rebolo nos sentidos concordante e discordante. Quando a dressagem é realizada no sentido concordante, o grão abrasivo penetra no rebolo de corte ao tocá-lo, gerando um comprimento de contato menor quando comparado com a dressagem no sentido discordante.

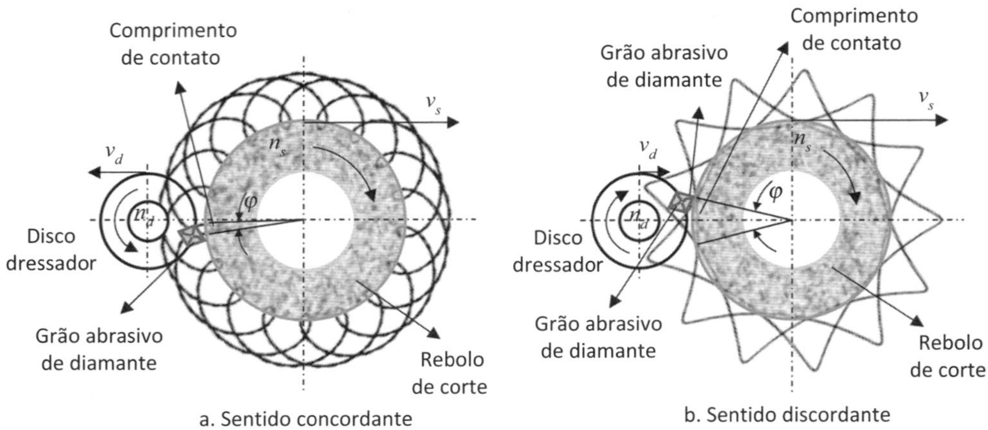

Figura 4.13 – Representação esquemática da cinemática de um grão abrasivo na superfície do rebolo.

Fonte: o autor.

Os parâmetros decisivos no processo de dressagem com ferramentas rotativas são o grau de recobrimento, U_d, e a relação de velocidade, q_d. A relação de velocidade pode ser obtida pela razão entre a velocidade do rebolo de corte e a velocidade do rolo dressador:

$$q_d = \pm \frac{v_d}{v_s} \tag{4.3}$$

Valores positivos da relação q_d indicam que o dressador rotativo e o rebolo giram em sentidos opostos, ou seja, sentido concordante. Já os valores negativos da relação q_d indicam que o dressador rotativo e o rebolo giram no mesmo sentido, ou seja, sentido discordante.

Conforme Linke (2008), para um mesmo valor da relação q_d, a dressagem no sentido concordante gera um efeito na superfície do rebolo com maior agressividade, em virtude do menor comprimento de contato do dressador com o rebolo e, dessa forma, da maior rugosidade da peça durante a retificação. A rugosidade cinemática na retificação trata-se, portanto, do resultado das trajetórias de atuação da ferramenta de dressagem no rebolo de corte (KLOCKE e KÖNIG, 2005).

A relação de velocidade entre o dressador rotativo e o rebolo de corte também influencia o comprimento de contato durante a trajetória do diamante no rebolo, alterando as características de agressividade do rebolo. A trajetória dos grãos de diamante do dressador rotativo passando pelo rebolo em função da relação de velocidade é descrita na forma cicloidal. As equações paramétricas que descrevem a trajetória teórica de uma ponta de diamante da ferramenta de dressagem rotativa atuando sobre o rebolo são dadas por (LINKE, 2008; WEGENER *et al.*, 2011):

$$x(\varphi)=(r_s+r_r).\,\text{sen}(\varphi)+r_r.\,\text{sen}\left(\left(1+q_d.\frac{r_s}{r_r}\right).\varphi\right) \tag{19}$$

$$y(\varphi)=(r_s+r_r).\cos(\varphi)+r_r.\cos\left(\left(1+q_d.\frac{r_s}{r_r}\right).\varphi\right), \tag{20}$$

em que:

φ – ângulo de fase;

r_s – raio do rebolo de corte;

r_r – raio do rebolo de arraste;

q_d – relação de velocidade.

Estão representadas na Figura 4.14 as trajetórias teóricas de uma ponta para diferentes relações de velocidade q_d.

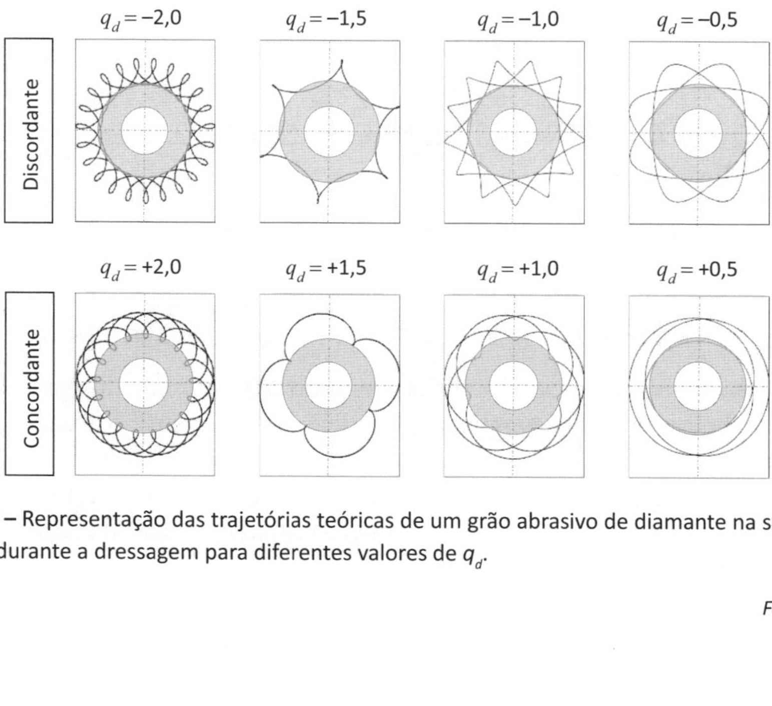

Figura 4.14 – Representação das trajetórias teóricas de um grão abrasivo de diamante na superfície de um rebolo durante a dressagem para diferentes valores de q_d.

Fonte: o autor.

Estudos realizados durante o processo de retificação *centerless* de passagem evidenciam a influência do sentido de giro e da relação de velocidade q_d nos resultados de rugosidade da peça, após a retificação. A partir do gráfico da Figura 4.15, pode-se avaliar a influência do sentido de giro do dressador e da relação de velocidade nos valores de rugosidade. Os menores valores de rugosidade são obtidos para a dressagem no sentido discordante, e, para essa condição, a rugosidade da peça é diminuída com o aumento da relação de velocidade *qd*.

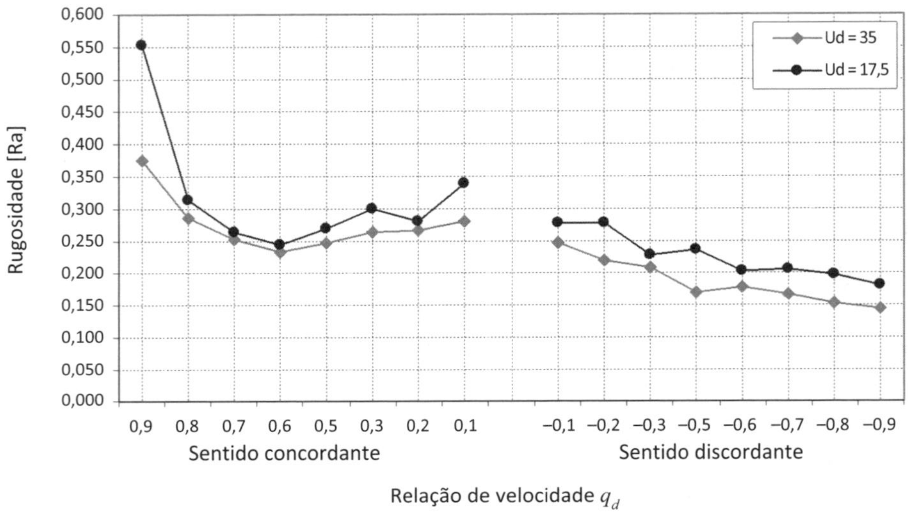

Figura 4.15 – Efeito da relação de velocidade q_d na rugosidade da peça.

Fonte: Funes Junior *et al.* (2010).

4.2.2 OUTRAS TÉCNICAS DE DRESSAGEM DO REBOLO DE CORTE

- **Dressagem a laser** – método utilizado para a dressagem de rebolos de nitreto de boro cúbico (cBN) galvanizados e camada única de abrasivos, em que é empregado um laser pulsado de alta potência posicionado perpendicularmente à superfície do rebolo (SILVA JUNIOR e COELHO, 1998).
- **Dressagem por descarga elétrica** – método aplicado somente para a dressagem de rebolos superabrasivos de liga metálica. A dressagem é realizada mediante a utilização de um par de eletrodos que mantêm contato com a superfície do rebolo de corte. No instante que os eletrodos se separam do rebolo, acontece a descarga elétrica promovendo a remoção apenas do ligante do rebolo (PFAFF *et al.*, 2016).
- **Dressagem eletroquímica (ELID)** – ocorre mediante o processo de eletrólise e, para isso, é utilizado um eletrodo de cobre mantido a uma pequena distância

da superfície do rebolo na presença de um fluido eletrolítico. Durante a dressagem, pequenas camadas da liga metálica do rebolo (aço, cobalto ou cobre) são removidas por eletrólise, expondo os grãos abrasivos do rebolo. Esse método não causa nenhum efeito térmico significativo ao grão de abrasivo (TAWAKOLI, 2012; SPANU e MARINESCU, 2012).

Exemplo 4.1

Em um processo de retificação, a dressagem do rebolo de corte é realizada utilizando-se um dressador estático conglomerado, sendo:

Largura do dressador (b_d): 10 mm

Velocidade de dressagem: 600 mm/min

Profundidade de dressagem: 0,01 mm

Velocidade periférica do rebolo corte: 45 m/s

Diâmetro do rebolo de corte: 500 mm

Largura do rebolo de corte: 300 mm

Em caso de substituição da ferramenta estática por uma ferramenta rotativa (disco dressador com largura b_d de 7 mm), determine a velocidade do disco dressador para que se possa manter o grau de recobrimento utilizando-se o dressador conglomerado.

Solução:

Inicialmente, determina-se o grau de recobrimento para dressagem com diamante conglomerado.

- Cálculo da rotação do rebolo de corte

$$n_s = \frac{v_S.60000}{\pi.d_s} = \frac{45.60000}{\pi.500} = 1718{,}9 \text{ rpm}$$

- Cálculo do avanço de dressagem f_d

$$f_d = \frac{v_d}{n_s} = \frac{600}{1718{,}9} = 0{,}35 \text{ mm}$$

- Cálculo do grau de recobrimento

$$U_d = \frac{b_d}{f_d} = \frac{10}{0{,}35} = 28{,}6$$

Para determinarmos a velocidade de dressagem com o disco dressador com largura b_d de 7 mm, devemos calcular o avanço de dressagem f_d:

$$f_d = \frac{b_d}{U_d} = \frac{7}{28,6} = 0,245 \text{ mm}$$

$$v_d = f_d . n_s = 0,245 \cdot 1718,9 = 421 \text{ mm/min}$$

4.3 DRESSAGEM DO REBOLO DE ARRASTE

Na maioria dos processos de retificação *centerless*, os rebolos de arraste são compostos por liga de borracha com grãos abrasivos, e, dessa forma, a dressagem do rebolo de arraste é realizada normalmente com a utilização de dressadores de ponta única (KRAJNIK *et al.*, 2007), podendo ser de diamante natural ou sintético, conforme ilustrado nas Figuras 4.16a e 4.16b. Apesar de não ser comum, a dressagem do rebolo de arraste também pode ser realizada com disco dressador.

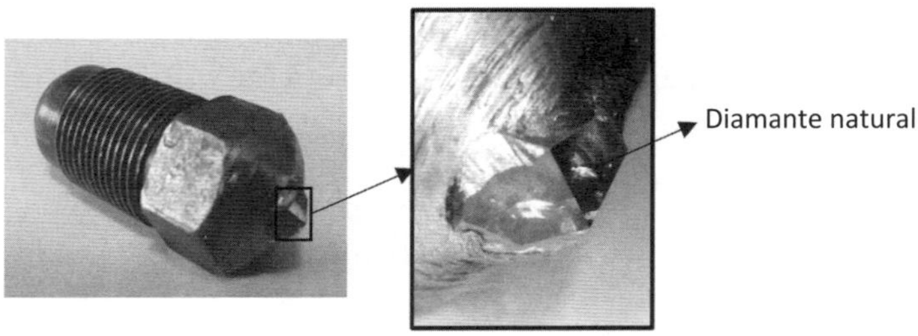

a. Dressador com ponta de diamante natural

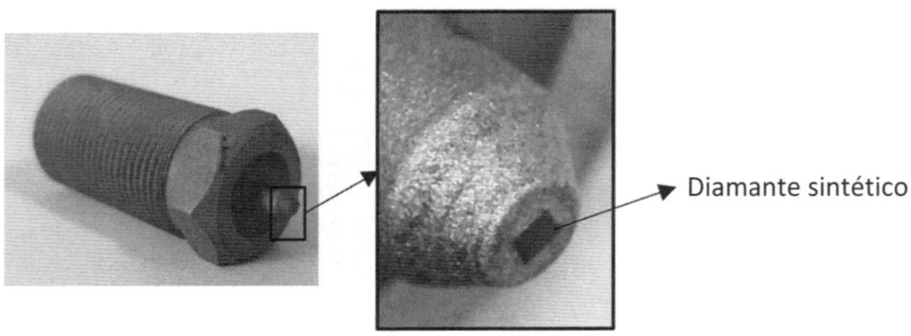

b. Dressador com pastilhas de diamante sintético (*fliesen*)

Figura 4.16 – Dressadores estáticos de ponta única.

Fonte: o autor.

Tratando do dressador sintético tipo *fliesen* (bastão), sua vantagem em relação ao dressador natural de ponta única é que a largura de contato b_d permanece constante até o final da vida útil da ferramenta; isso significa que o grau de recobrimento não se altera com o desgaste da ferramenta e/ou com a profundidade de dressagem.

Já no uso do diamante natural de ponta única, como ele é afiado geralmente a um ângulo de 105°, a largura de contato b_d varia em função do ângulo da ponta do diamante e da profundidade de dressagem. Dessa forma, torna-se necessário o ajuste da velocidade de dressagem para se manter um grau de recobrimento constante durante o procedimento de dressagem. Em relação ao dressador sintético, o dressador com diamante natural possui alta resistência à abrasão e maior durabilidade.

Conforme Malkin e Guo (2008), o dressador natural de ponta única geralmente é posicionado a um ângulo (α) que varia de 10° a 15°, conforme a Figura 4.17. Essa inclinação do dressador de ponta única natural é recomendada para se evitar vibração e favorecer uma alta afiação do diamante.

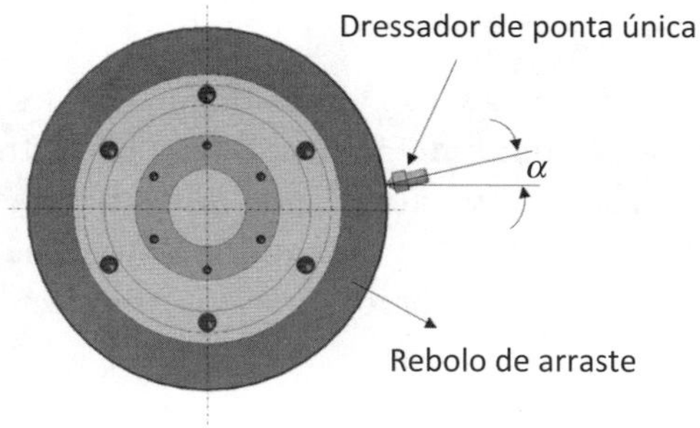

Figura 4.17 – Posicionamento do dressador de ponta única.

Fonte: o autor.

Recomendações para dressagem do rebolo de arraste:

- Avanço de dressagem a cada passagem pelo rebolo: a_{ed} = 0,008 mm a 0,030 mm.
- Velocidade de dressagem:
    - ▷ pré-dressagem: v_{fad} = 200 mm/min a 300 mm/min (com o uso de diamante natural de ponta única);
    - ▷ dressagem final: v_{fad} = 50 mm/min a 150 mm/min (com o uso de diamante natural de ponta única).
- A dressagem do rebolo de arraste com o diamante natural pode ser realizada tanto a seco como mediante o uso de fluido lubrirrefrigerante.
- A dressagem do rebolo de arraste utilizando-se pastilha de diamante sintético deve ser refrigerada, para se evitar o desgaste prematuro da ferramenta.

Exemplo 4.2

O rebolo de arraste de uma retificadora *centerless* de mergulho é dressado utilizando-se um dressador natural de ponta única de diamante (conforme Figura a seguir) a uma velocidade de 50 mm/min e uma profundidade de dressagem de 0,025 mm. O rebolo de arraste rotaciona a n_r = 350 rpm durante a dressagem e possui diâmetro de 300 mm e comprimento de 200 mm.

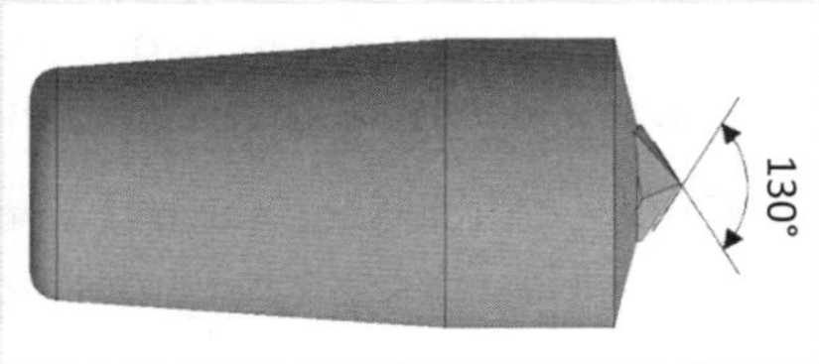

Sabendo que a ponta do dressador está afiada com um ângulo de 130°:

a) calcule o grau de recobrimento da dressagem do rebolo de arraste com o diamante natural de ponta única;

b) o dressador de ponta única será substituído por um dressador com pastilha circular de diamante policristalino (PCD) com diâmetro de 6 mm, conforme ilustrado na Figura a seguir. Mantendo os parâmetros de dressagem utilizados com o dressador de ponta única, determine o grau de recobrimento para a dressagem do rebolo com a pastilha circular;

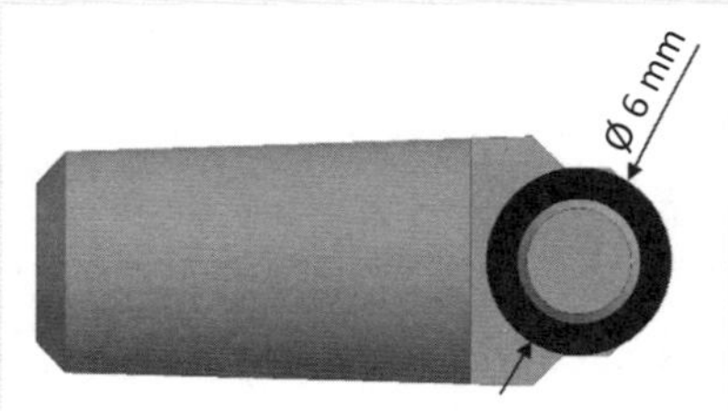

c) calcule o grau de recobrimento, considerando um dressador estático tipo *fliesen* com seção quadrada de 1,5 mm x 1,5 mm.

Solução:

a) Para se calcular o grau de recobrimento, é necessário definir a espessura b_d e o avanço f_d. A espessura b_d para um dressador natural é calculada em função do ângulo da ponta do diamante e da profundidade de dressagem.

Quando o diamante penetrar no rebolo de arraste, teremos a seguinte condição:

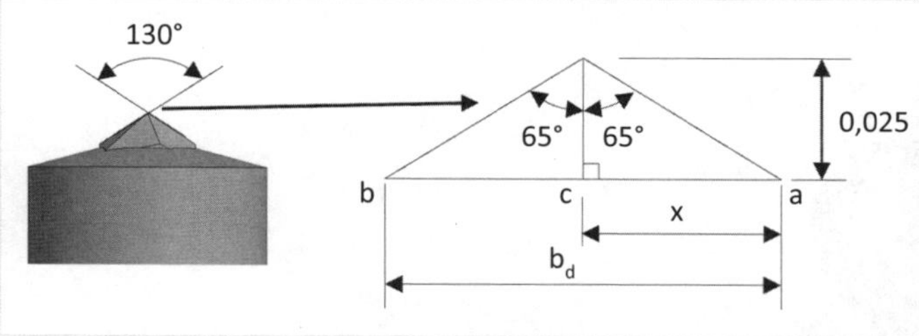

Analisando-se o triângulo aôc, tem-se:

$$\text{tg}\left(65^{\circ}\right)=\frac{x}{0{,}025}\rightarrow x=0{,}025.\text{tg}\left(65^{\circ}\right)=0{,}0536\text{ mm}$$

Logo:

$$b_d=2.x=2.0{,}0536=0{,}107\text{ mm}$$

Para o cálculo do avanço de dressagem f_d, utiliza-se a seguinte expressão:

$$f_d=\frac{v_d}{n_r}=\frac{50}{350}=0{,}143\text{ mm}$$

O grau de recobrimento pode ser calculado utilizando-se a seguinte expressão:

$$U_d=\frac{b_d}{f_d}=\frac{0{,}107}{0{,}143}=0{,}75$$

b) Para se calcular o grau de recobrimento, é necessário determinar a largura b_d e o avanço de dressagem f_d. A largura b_d é calculada em função do ângulo do raio da pastilha e da profundidade de dressagem.

Quando a pastilha penetra no rebolo de arraste, tem-se a seguinte condição:

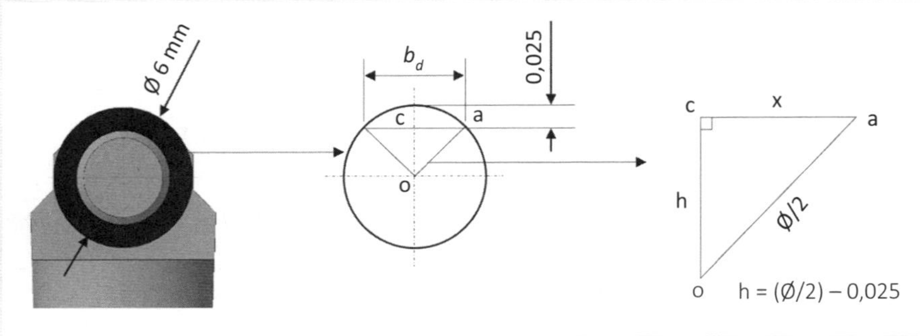

Aplicando-se o teorema de Pitágoras para o triângulo aôc, tem-se:

$$\left(\frac{\varnothing}{2}\right)^2 = h^2 + x^2 \rightarrow x = \sqrt{\left(\frac{\varnothing}{2}\right)^2 - h^2} = \sqrt{\left(\frac{6}{2}\right)^2 - \left(3 - 0,025\right)^2} \rightarrow x = 0,386$$

$$b_d = 2.x = 2.0,386 = 0,772 \text{ mm}$$

Utiliza-se a seguinte expressão para se determinar o grau de recobrimento:

$$U_d = \frac{b_d}{f_d} = \frac{0,772}{0,143} \rightarrow U_d = 5,4$$

c) Para o dressador tipo *fliesen* com seção quadrada de 1,5 mm x 1,5 mm, tem-se a largura b_r = 1,5 mm. Sabendo que f_d = 0,143 mm, pode-se calcular o grau de recobrimento:

$$U_d = \frac{b_d}{f_d} = \frac{1,5}{0,143} \rightarrow U_d = 10,5$$

4.3.1 DRESSAGEM DO REBOLO DE ARRASTE NA RETIFICAÇÃO *CENTERLESS* DE PASSAGEM

A dressagem do rebolo de arraste é uma das tarefas mais complexas no processo de retificação *centerless* de passagem, em virtude da quantidade de parâmetros envolvidos nesse procedimento. Como o rebolo de arraste se mantém inclinado no processo de retificação *centerless* de passagem, ao ser dressado, sua geometria é alterada, assumindo, assim, um formato cilíndrico hiperbólico. O formato do rebolo de arraste em combinação com a altura de posicionamento da peça resulta em determinada trajetória de passagem desta. A abertura resultante da geometria do rebolo de arraste e do perfil do rebolo de corte após a dressagem é denominada "vão de retificação".

Para melhor compreensão da importância da dressagem do rebolo de arraste e de como os parâmetros de dressagem interferem no formato do rebolo e na trajetória percorrida pela peça durante a retificação, foram realizadas análises que são apresentadas a seguir.

Análise 1: rebolo de arraste inclinado e não dressado

Nesta primeira análise, o rebolo de arraste não é dressado e é mantido inclinado a um ângulo α_r em relação ao eixo *y*, correspondente ao eixo de coordenadas, conforme representado na Figura 4.18.

Dessa forma, ao realizar a passagem da peça pelo vão de retificação, verifica-se, conforme a Figura 4.18 (vista lateral), que, na entrada do vão (posição 1), a peça toca o rebolo de arraste em um ponto abaixo da linha de centro. Quando a peça alcança a metade do comprimento do rebolo (posição 2), observa-se que o contato desta ocorre exatamente no ponto central do rebolo de arraste. Já na saída (posição 3), o contato da peça com o rebolo de arraste ocorre acima da linha de centro do rebolo de arraste.

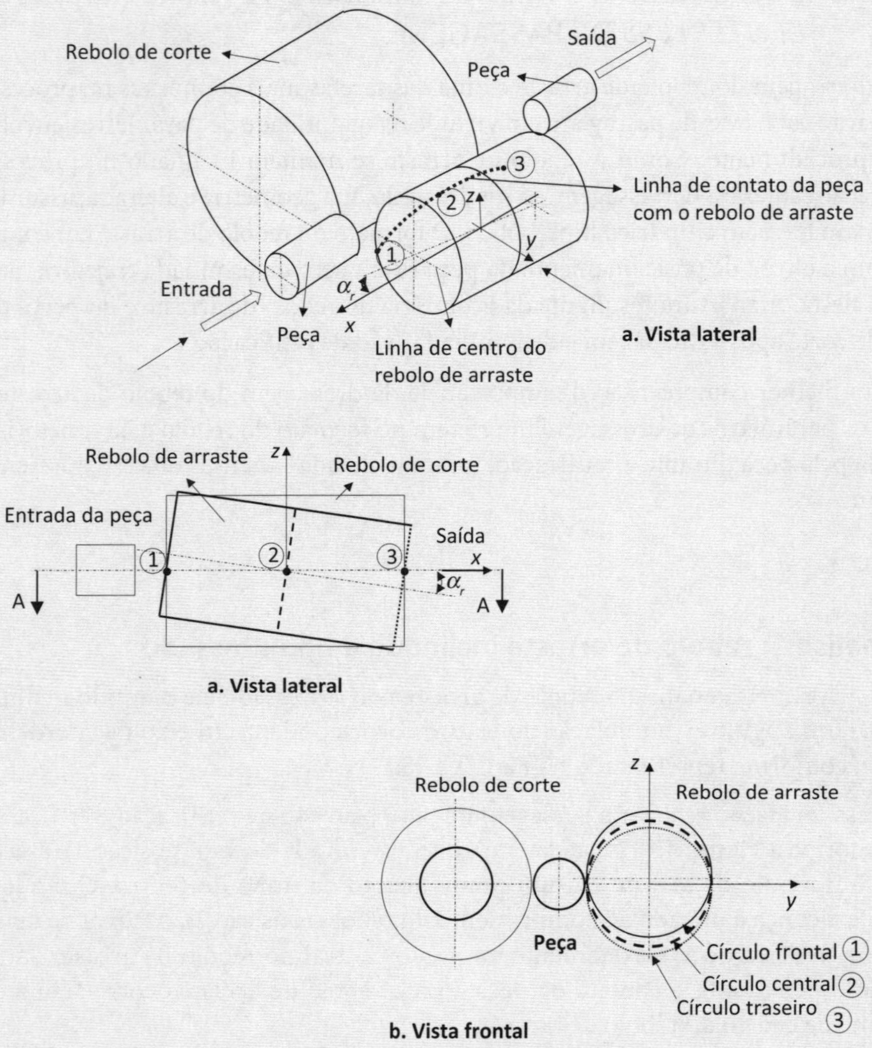

Figura 4.18 – Análise da trajetória da peça sem realizar a dressagem do rebolo de arraste.

Fonte: o autor.

Ao se analisar a seção AA, que corresponde ao plano de referência *xy*, observa-se que o perfil do rebolo de arraste correspondente a esse plano é convexo, conforme representado na Figura 4.19. Se a peça for ajustada de forma que o seu contato com o rebolo de arraste corresponda a esse plano, observa-se que a sua trajetória será curva e, nesse caso, as características de qualidade, principalmente de cilindricidade e circularidade, não serão alcançadas. Assim, torna-se necessária a dressagem do rebolo de arraste para correção da trajetória da peça.

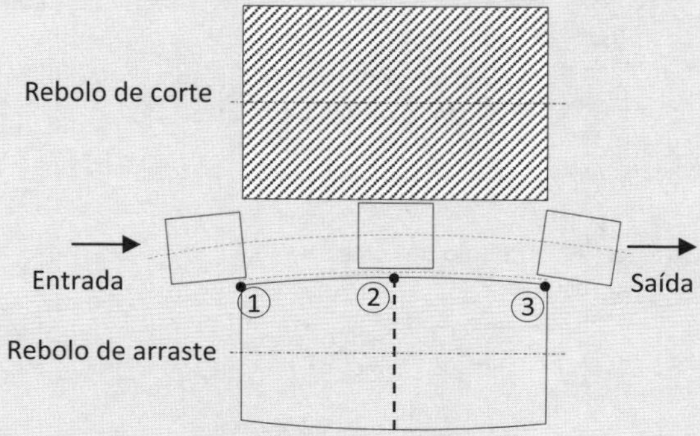

Figura 4.19 – Representação da trajetória da peça com o rebolo de arraste inclinado sem a realização da dressagem (seção AA).

Fonte: o autor.

Análise 2: rebolo de arraste inclinado e dressado com $h_d = 0$

Nesta segunda análise, é realizada a dressagem do rebolo, o qual é mantido inclinado a um ângulo α_r, e a altura do dressador é $h_d = 0$. Como o rebolo de arraste inicialmente é cilíndrico, o primeiro contato do dressador com a superfície do rebolo de arraste ocorrerá quando o dressador estiver posicionado na metade do comprimento do rebolo (ponto central). Com passes subsequentes de dressagem, o dressador removerá material do rebolo de arraste, e, ao final, este assumirá um formato hiperbólico simétrico, conforme representado na Figura 4.20.

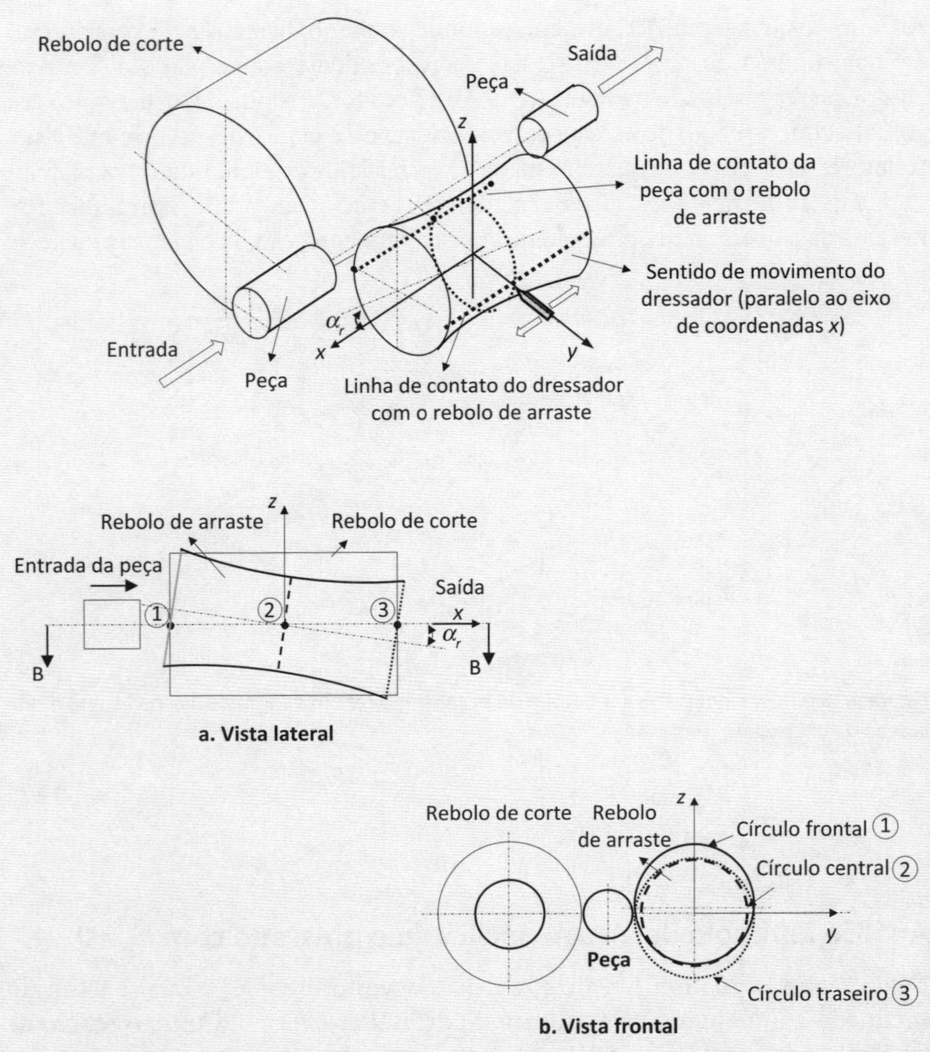

Figura 4.20 – Rebolo de arraste após dressagem para $h_d = 0$.

Fonte: o autor.

Ao se analisar a seção BB, que corresponde ao plano referente à linha em que o dressador percorre o rebolo de arraste, observa-se que o perfil desse rebolo será reto, conforme representado na Figura 4.21. Se o contato da peça com o rebolo de arraste for ajustado à altura correspondente a esse plano, a sua trajetória será retilínea e paralela ao eixo do rebolo de arraste.

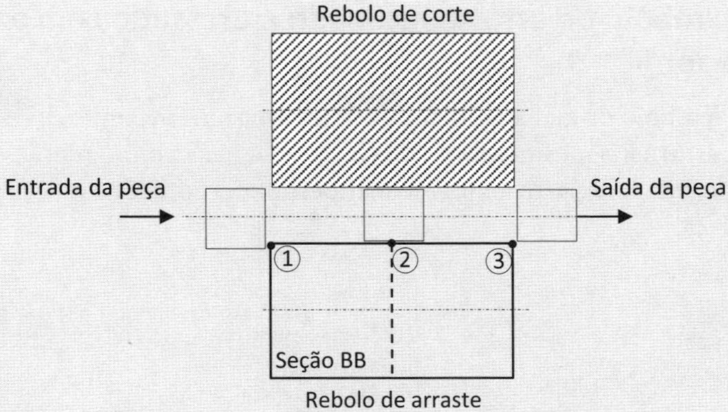

Figura 4.21 – Representação da trajetória da peça posicionada na mesma linha de dressagem do rebolo (seção BB).

Fonte: o autor.

Conforme apresentado no Capítulo anterior, para obter boas características de circularidade, a peça deve ser ajustada a uma altura h_w, para que permaneça fora da linha de centro dos rebolos. Ao se ajustar a peça para essa configuração de dressagem a uma determinada altura h_w, conforme apresentado na Figura 4.22a, a trajetória da peça correspondente ao plano CC será curva, conforme representado na Figura 4.22b, pois o rebolo foi dressado a uma altura $h_d = 0$, e o plano corresponde à altura h_w. Para esse caso, o formato do rebolo correspondente à seção CC é hiperbólico, e as características de circularidade e cilindricidade da peça exigidas nos processos de retificação *centerless* não serão obtidas. Assim, torna-se necessário o ajuste da altura de dressagem, conforme apresentado a seguir.

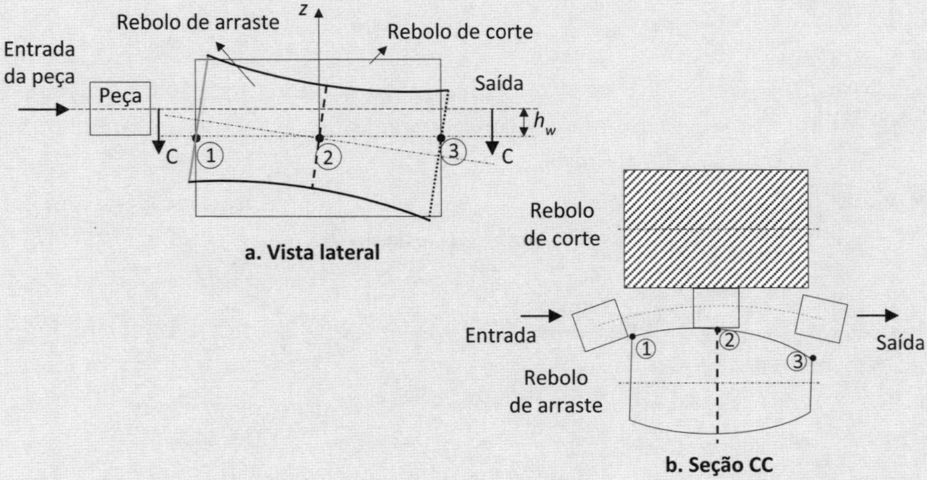

Figura 4.22 – Representação da trajetória da peça posicionada a uma altura h_w (seção CC).

Fonte: o autor.

Análise 3: rebolo de arraste inclinado e dressado com a altura do dressador $h_d > 0$

Ao dressar o rebolo de arraste, inclinado a um ângulo α_r, com o dressador, ajustado a uma altura h_d (mesmo ponto de contato da peça com o rebolo de arraste), o formato do rebolo de arraste torna-se hiperbólico-cônico, conforme indicado na Figura 4.23.

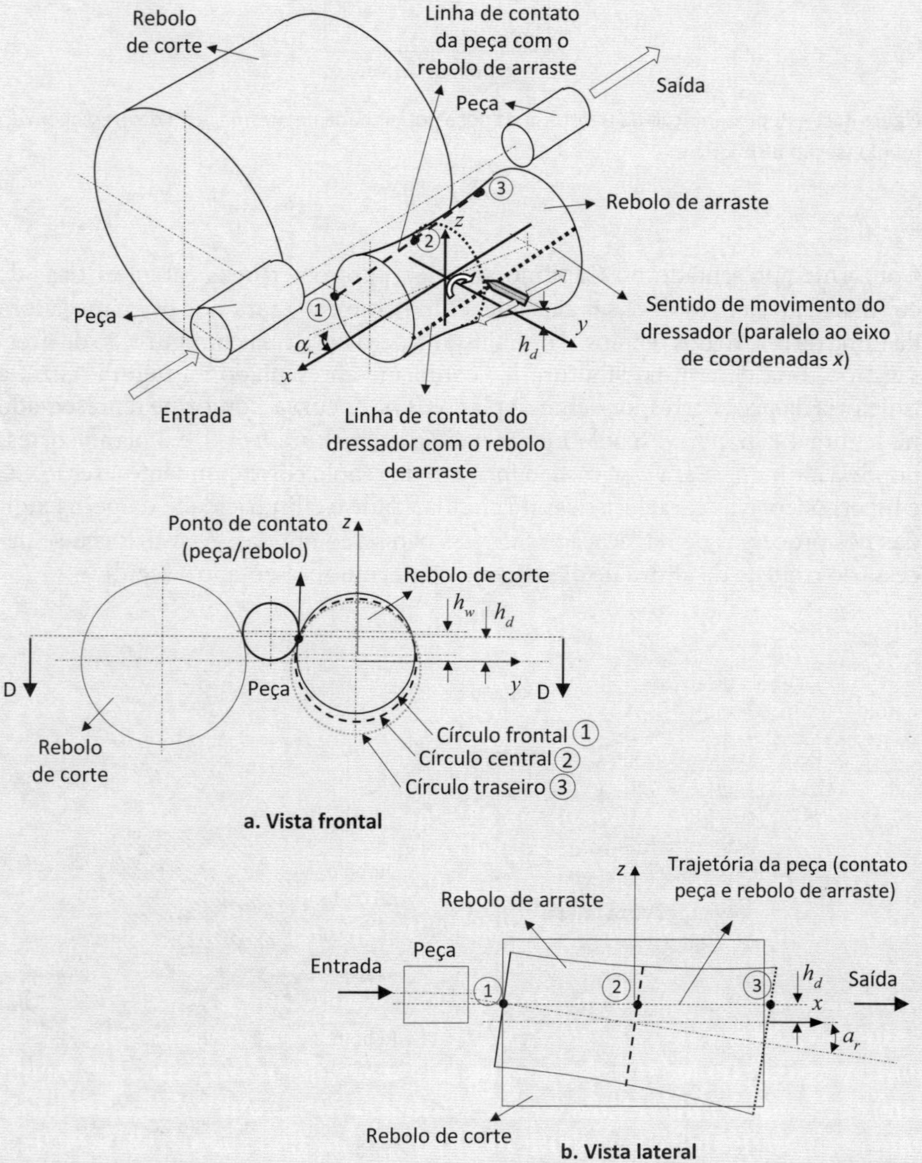

Figura 4.23 – Rebolo de arraste após dressagem para $h_d > 0$.

Fonte: o autor.

Ao se analisar a seção DD (Figura 4.23a), que corresponde ao plano referente à linha em que o dressador percorre o rebolo de arraste, observa-se o formato cônico deste. A trajetória da peça é reta, e o vão de retificação é obtido pelo ajuste do giro da mesa do rebolo de arraste.

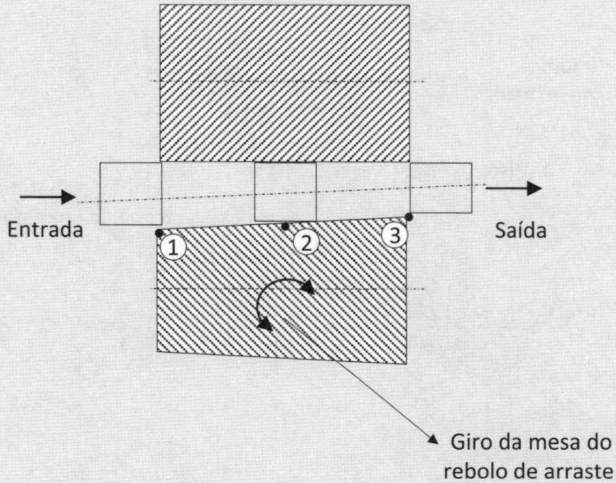

Figura 4.24 – Representação da trajetória da peça posicionada a uma altura h_w (seção DD).

Fonte: o autor.

Essa configuração resulta em um vão de retificação que permite uma taxa de remoção gradativa de material da peça. No entanto, a altura da peça deve ser ajustada para que a saída do rebolo de arraste resulte em uma parte paralela. Esse ajuste permite realizar o centelhamento (*spark-out*) durante a retificação, contribuindo para promover melhores características de qualidade ao componente retificado.

Assim, posicionando-se a peça de forma que o rebolo de arraste fique acima da linha de contato do dressador (Figura 4.25), a trajetória da peça será uma curva, conforme indicado na Figura 4.26. Nesse caso, é necessário um pequeno ajuste do ângulo de giro da mesa do rebolo de arraste para promover uma região paralela na saída e uma taxa de remoção de material gradativa ao longo da passagem da peça pelo vão de retificação (Figura 4.24).

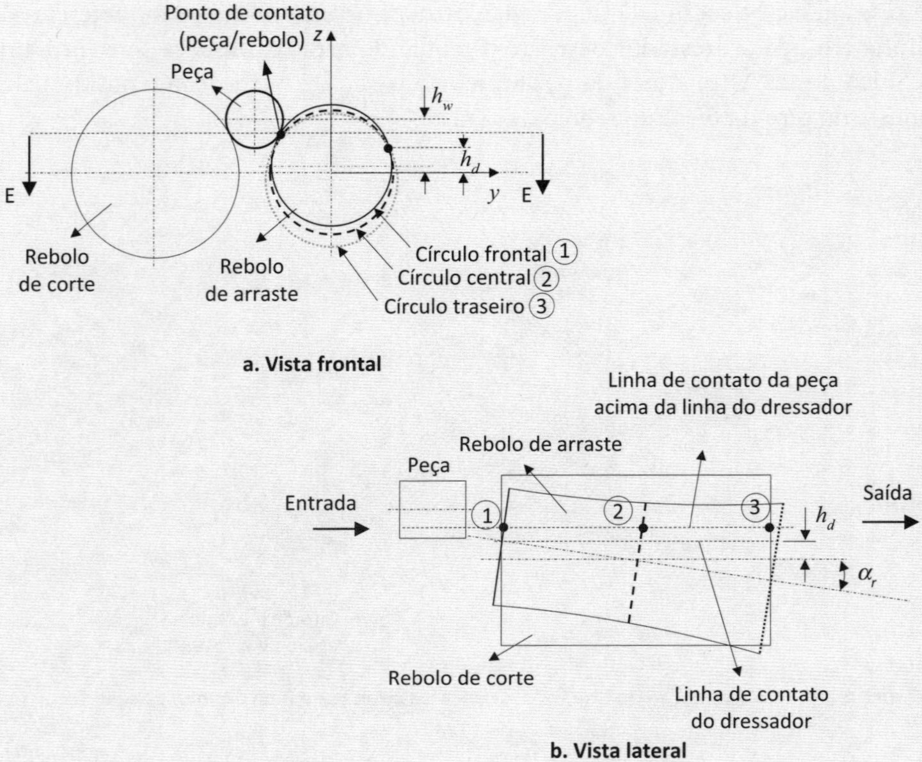

Figura 4.25 – Peça posicionada acima da altura de dressagem h_d.

Fonte: o autor.

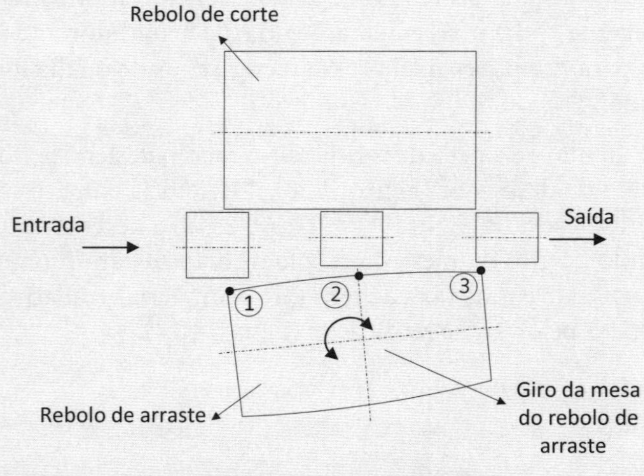

Figura 4.26 – Representação da trajetória da peça posicionada acima da linha do dressador (seção EE).

Fonte: o autor.

Caso a peça seja posicionada de forma que a sua linha de contato com o rebolo fique abaixo da linha do dressador, a trajetória da peça será curva, mas com abertura para a saída, conforme ilustrado na Figura 96. Esse ajuste é indesejado, pois dificulta a ajustagem do vão de retificação através do giro e pode demandar uma quantidade maior de tempo, se comparado com o tempo necessário para a peça ser ajustada acima da linha de centro dos rebolos.

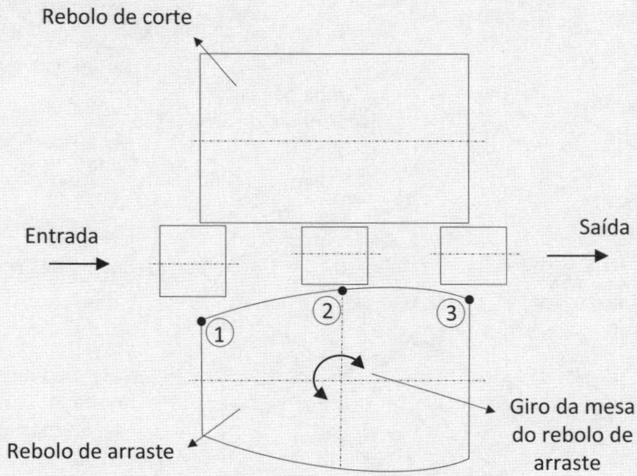

Figura 4.27 – Representação da trajetória da peça posicionada abaixo da linha do dressador.

Fonte: o autor.

Análise 4: rebolo de arraste inclinado, dressado a uma altura de dressagem h_d e a um ângulo de dressagem α_d

Em algumas aplicações, o parâmetro ângulo de dressagem, α_d, é um recurso utilizado durante a dressagem para corrigir a assimetria do rebolo de arraste. Como é este que rotaciona e mantém o movimento de passagem da peça, quando a assimetria é ajustada de forma que o diâmetro maior fique para a saída, isso significa que a peça terá maior velocidade de passagem na saída do que na entrada. Vale salientar que o ajuste do ângulo de dressagem não é um recurso disponível em alguns modelos de retificadoras *centerless*.

Uma maneira de corrigir a assimetria do formato hiperbólico do rebolo de arraste é por meio da variável ângulo de dressagem. Esse ângulo é obtido girando-se a unidade de dressagem a um ângulo α_d. Conforme Meis (1980), a assimetria do rebolo de corte pode ser corrigida definindo-se o ângulo de dressagem mediante a seguinte Equação:

$$\alpha_d = \alpha_r \left(1 - \frac{1}{\sqrt{1 + \frac{d_w}{d_r}}} \right) \qquad (4.4)$$

Ao dressar o rebolo de arraste, o qual está inclinado a um ângulo α_r, com o dressador ajustado a uma altura h_d e a um ângulo de dressagem α_d, o formato do rebolo de arraste torna-se hiperbólico-cônico, conforme indicado na Figura 4.28.

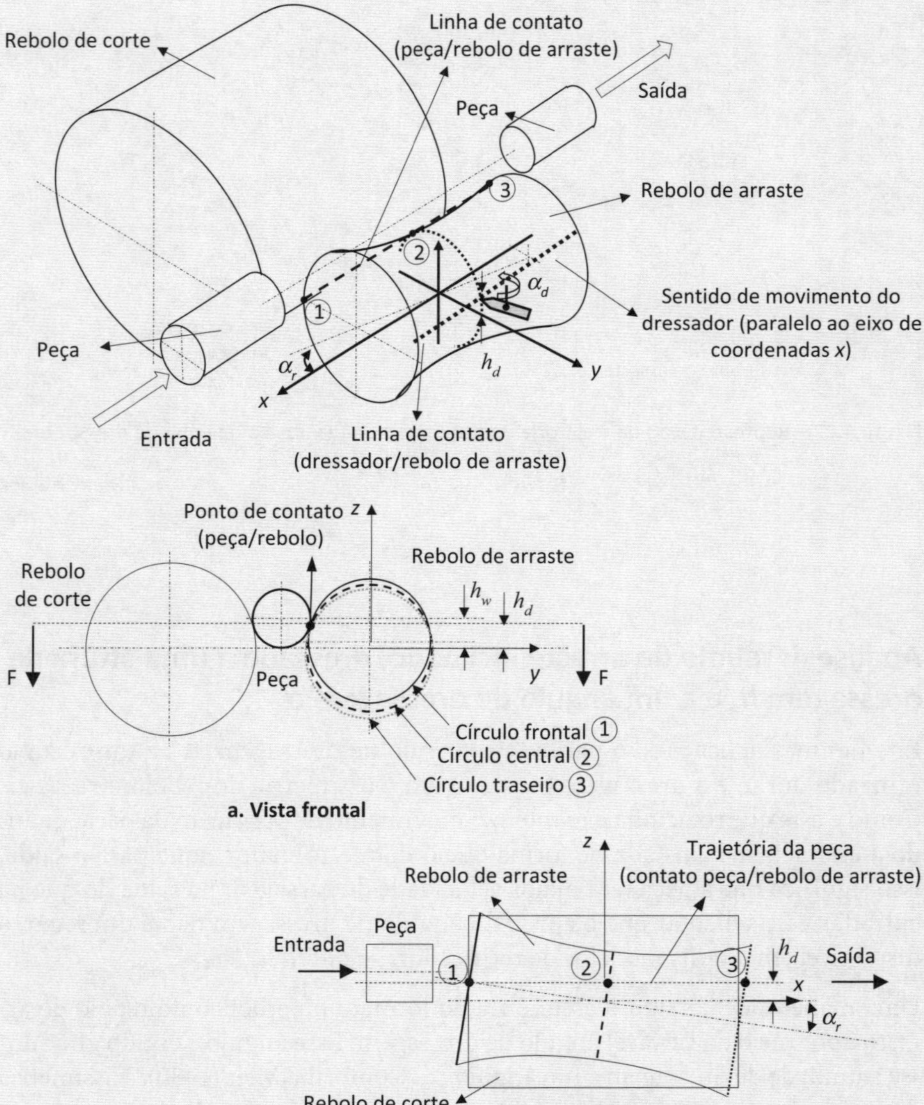

Figura 4.28 – Rebolo de arraste após dressagem para $h_d > 0$ e $\alpha_d \neq 0$.

Fonte: o autor.

Ao se analisar a seção FF, que corresponde ao plano referente à linha de dressagem e ao ponto de contato da peça com o rebolo de arraste, observa-se a trajetória da peça paralela ao rebolo de corte, conforme representado na Figura 4.29. Esse procedimento de dressagem requer um perfil do rebolo de corte para gerar um vão de retificação que garanta uma taxa de remoção de material gradativa durante a passagem da peça.

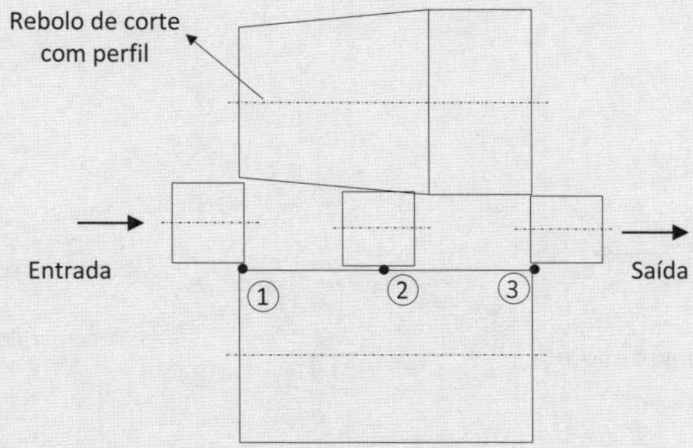

Figura 4.29 – Representação da trajetória da peça posicionada a uma altura h_w (seção FF).

Fonte: o autor.

Para essa configuração de dressagem, caso se ajuste o ponto de contato da peça com o rebolo de arraste acima linha de dressagem (h_d), o resultado será um perfil para o rebolo de arraste conforme mostrado na Figura 4.30. Tal procedimento requer o giro do porta-cabeçote do rebolo de arraste (δ_r) para que promova uma remoção gradativa de material e uma região paralela do rebolo de arraste na saída da peça para que a sua característica de cilindricidade seja garantida.

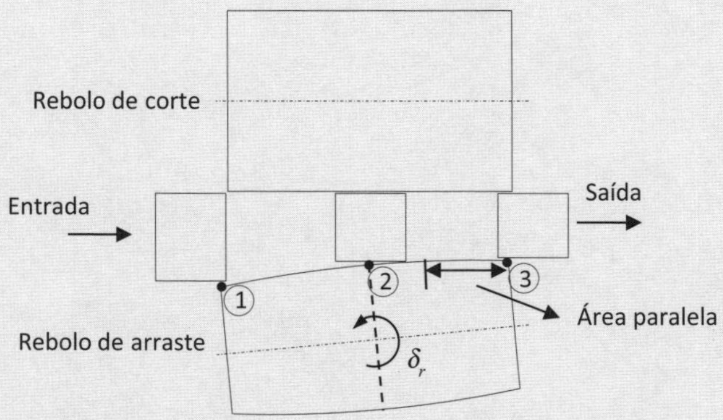

Figura 4.30 – Ajuste do ângulo de giro da mesa de avanço do rebolo de arraste.

Fonte: o autor.

Dependendo da quantidade de material a ser removido, é necessário perfilar o rebolo de corte, de acordo com o ilustrado na Figura 4.31. Por meio de recursos computacionais, é possível visualizar o perfil do rebolo de arraste correspondente à linha da trajetória da peça e, ainda, definir o perfil ideal do rebolo de corte em relação à quantidade de material a ser removido.

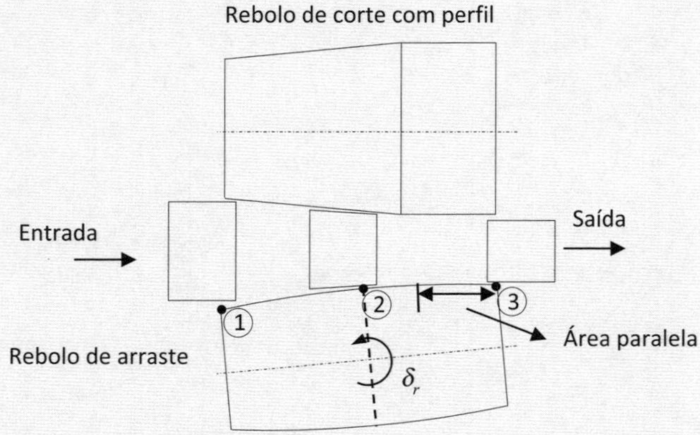

Figura 4.31 – Ajuste do ângulo de giro da mesa de avanço do rebolo de arraste e rebolo de corte com perfil.

Fonte: o autor.

Na Figura 4.32, está representada a variação do formato do rebolo de arraste com a variação do ângulo de inclinação α_r. Observa-se que o perfil do rebolo de arraste torna-se cada vez mais hiperbólico com o aumento do seu ângulo de inclinação. Na Figura 4.33, é possível constatar a variação do perfil do rebolo em função da altura de dressagem. Nesse caso, com o aumento da altura de dressagem, observa-se um perfil do rebolo de arraste menos hiperbólico.

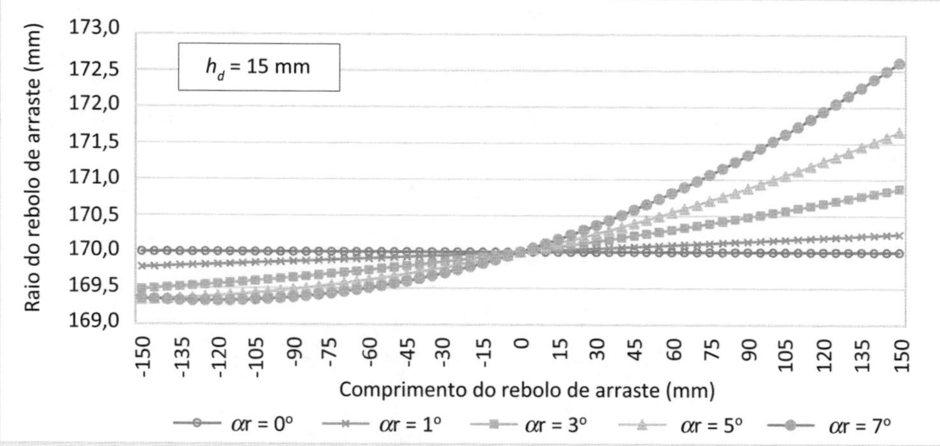

Figura 4.32 – Perfil do rebolo de arraste em função de α_r.

Fonte: o autor.

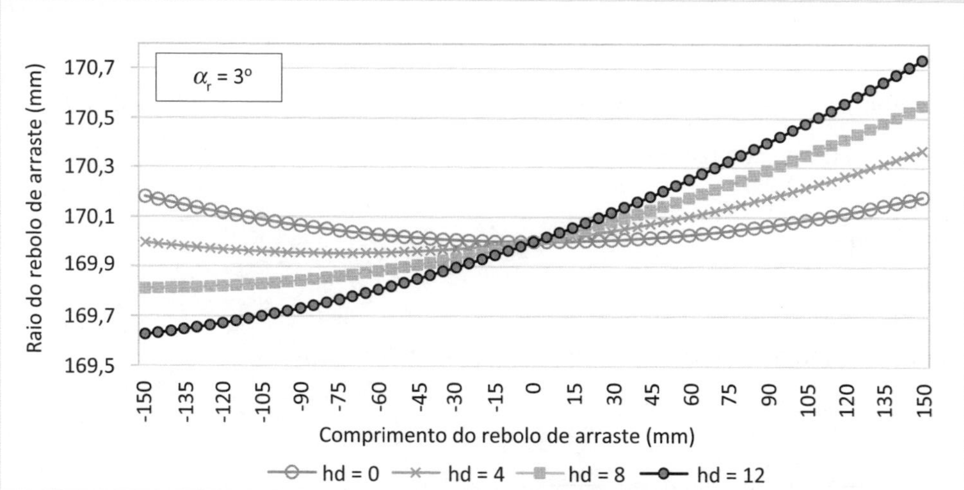

Figura 4.33 – Perfil do rebolo de arraste em função de h_d.

Fonte: o autor.

Vale salientar que as curvas representadas nas Figuras 4.32 e 4.33 indicam o formato do rebolo de arraste após a dressagem, e não a trajetória de passagem da peça. A trajetória da peça será gerada pelo contato da peça com o rebolo de arraste e, por sua vez, depende dos parâmetros de dressagem, do ajuste da altura da peça e do ajuste do giro da mesa do rebolo de arraste. Se a peça for ajustada em uma altura em que o ponto de contato com o rebolo de arraste não coincide com a altura de dressagem, então, diferentes trajetórias da peça serão obtidas.

4.3.2 CÁLCULO DA ALTURA DO DRESSADOR CORRESPONDENTE AO PONTO DE CONTATO DA PEÇA COM O REBOLO DE ARRASTE

A altura de dressagem, h_d, corresponde à altura do ponto de contato da peça com o rebolo de arraste, conforme representado na Figura 4.34.

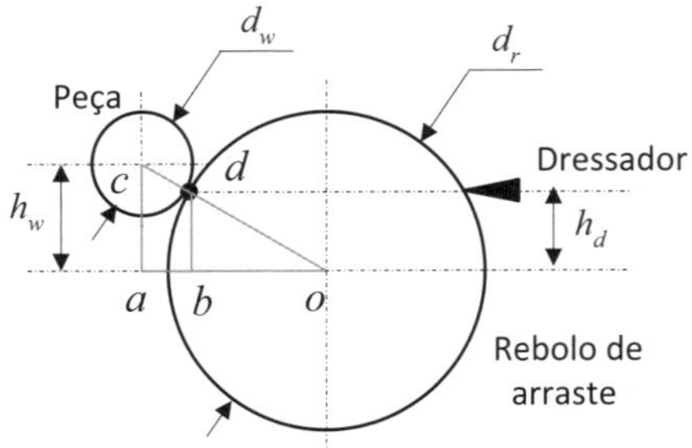

Figura 4.34 – Representação do ponto de contato da peça com a altura do dressador.

Fonte: o autor.

Ao analisarmos a Figura 4.34, tem-se: $\overline{od} = \frac{d_r}{2}$, $\overline{oc} = \frac{d_r + d_w}{2}$, $\overline{bd} = h_d$ e $\overline{ac} = h_w$.

Por semelhança de triângulos, tem-se:

$$\frac{\overline{bd}}{\overline{ac}} = \frac{\overline{od}}{\overline{oc}}$$

Substituindo os valores da relação trigonométrica, tem-se:

$$\frac{h_d}{h_w} = \frac{\frac{d_r}{2}}{\frac{d_r + d_w}{2}}, \text{ ou seja, } h_d = \frac{d_r}{d_r + d_w}.h_w$$

Assim, a altura de dressagem pode ser calculada utilizando-se a seguinte Equação:

$$h_d = \frac{h_w}{1 + \frac{d_w}{d_r}} \tag{4.5}$$

Esta equação é aplicada principalmente ao processo *centerless* de mergulho, pois o contato da peça com o rebolo de arraste deve ser correspondente a altura do dressador, conforme a Figura 4.34.

Para o processo de retificação *centerless* de passagem, quando o ponto de contato da peça com o rebolo de arraste é ajustado na altura h_d, torna-se necessário gerar um perfil no rebolo de corte (que depende da quantidade de material a ser removido da peça) para promover uma taxa de remoção gradativa de material durante a passagem da peça pelo vão de retificação. Nesse caso, a remoção de material na parte perfilada do rebolo (parte 1) e as características de qualidade, como circularidade e rugosidade, são conferidas na região paralela (parte 2), chamada de centelhamento ou *spark-out*, conforme a Figura 4.35. O perfil do rebolo de corte pode ser realizado com o uso de uma régua copiadora, por onde é guiada a unidade de dressagem, ou por controle numérico computadorizado (CNC).

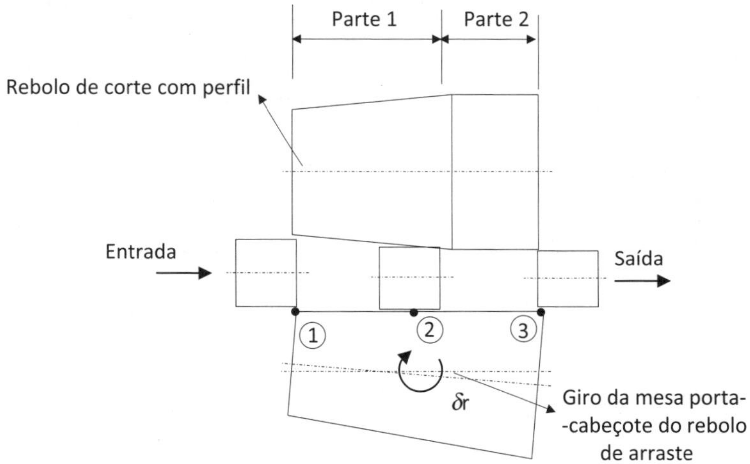

Figura 4.35 – Ajuste do ângulo de giro da mesa de avanço do rebolo de arraste.

Fonte: o autor.

O vão de retificação também pode ser obtido por meio do giro da mesa porta-cabeçote do rebolo de arraste. O mais importante no ajuste do ângulo dessa mesa, δ_r, é garantir que, na saída, a peça percorra uma trajetória retilínea e paralela em relação ao rebolo de corte, conforme a Figura 4.35.

4.3.3 TRAJETÓRIA DA PEÇA EM RELAÇÃO AO REBOLO DE ARRASTE

Conhecendo-se as dimensões e a altura de posicionamento da peça, a inclinação do rebolo de arraste e os parâmetros de sua dressagem, é possível, por meio de gráficos, visualizar a trajetória que a peça percorre durante a retificação em relação ao rebolo de arraste. A definição exata da trajetória a ser seguida pela peça e a correção do vão de retificação podem ser obtidas por meio de recursos computacionais, em que são utilizadas equações que descrevem essa trajetória em função dos parâmetros de dressagem, da inclinação, do diâmetro e do comprimento do rebolo de arraste, do ajuste da altura da peça e do ajuste do giro da mesa do rebolo de arraste. As Figuras a seguir apresentam alguns exemplos de trajetórias da peça que podem ser ajustadas em uma retificadora *centerless*.

A começar pelo vão de retificação, este pode ser gerado em três diferentes configurações. Quando o rebolo de corte é dressado sem perfil (reto), o vão de retificação deve ser formado pelo rebolo de arraste, conforme representado na Figura 4.36, e gerado para garantir uma taxa de remoção de material gradativa durante a passagem da peça.

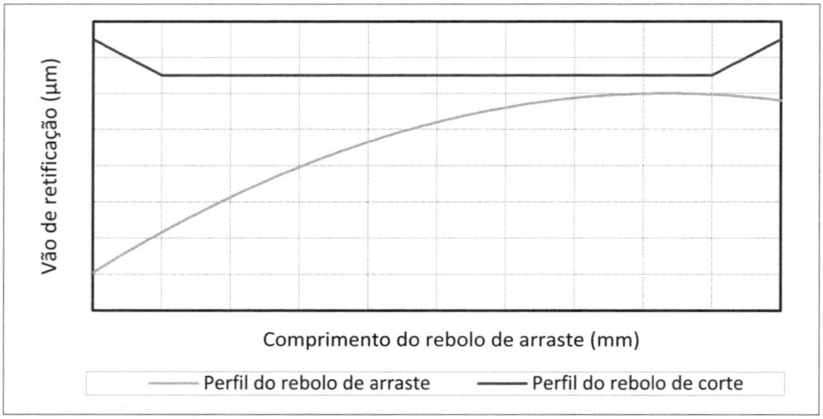

Figura 4.36 – Vão de retificação formado pelo rebolo de arraste.

Fonte: o autor.

Quando os pontos de contato da peça com o rebolo de arraste formam uma reta, o vão de retificação deve ser formado perfilando o rebolo de corte durante a dressagem, de acordo com o sobremetal da peça a ser removido, conforme a Figura 4.37.

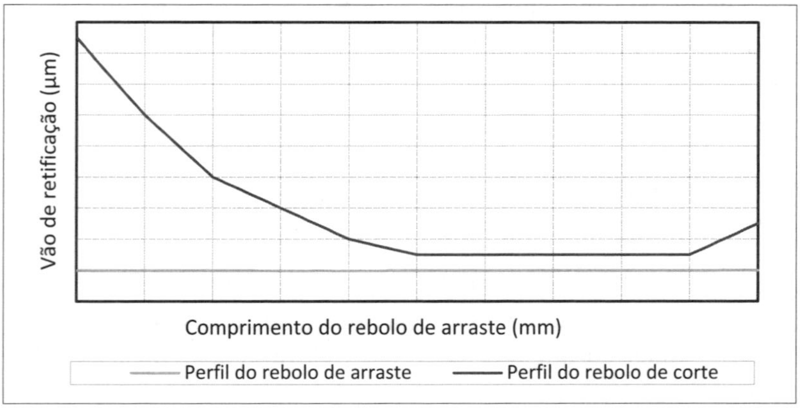

Figura 4.37 – Vão de retificação formado pelo rebolo de corte.

Fonte: o autor.

Geralmente, no processo de retificação *centerless*, o vão de retificação é formado pelos rebolos de corte e arraste. O perfil do rebolo de corte pode ser gerado utilizando-se uma régua copiadora, no caso de retificadoras convencionais, ou por CNC. Já o vão do rebolo de arraste é gerado em função dos parâmetros de dressagem e do ajuste da mesa do rebolo de arraste.

O vão de retificação na entrada deve ser maior que o sobremetal da peça a ser removido, para permitir a entrada da peça e, ainda, na saída, formar retas paralelas; para garantir uma peça com um grau de paralelismo dentro das tolerâncias especificadas pelo menor desvio de cilindricidade. O vão ajustado corretamente deve promover uma remoção gradual de material durante a passagem da peça pelos rebolos de corte e arraste, permitir a correção do paralelismo e melhorar o acabamento (Figura 4.38).

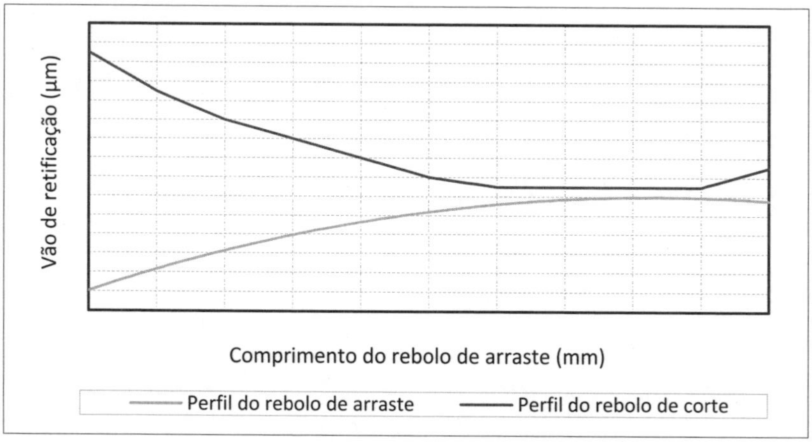

Figura 4.38 – Vão de retificação formado pelos rebolos de arraste e corte.

Fonte: o autor.

Na prática industrial, uma maneira para o ajuste da mesa porta-cabeçote do rebolo de arraste é realizar a passagem de uma peça no vão de retificação e verificar visualmente se a peça toca todo o rebolo ao longo do seu comprimento.

CAPÍTULO 5

Comportamento dinâmico de uma retificadora *centerless*

Este Capítulo traz informações básicas necessárias para o entendimento da influência do comportamento dinâmico de uma retificadora *centerless* no perfil do desvio de circularidade de componentes retificados.

O comportamento dinâmico de uma máquina diz respeito aos movimentos oscilatórios de seus componentes e às forças que lhes são associadas. Nesse sentido, no desenvolvimento de um equipamento, incluem-se, além do dimensionamento e da determinação dos materiais dos seus componentes, uma análise do comportamento oscilatórios dos diversos componentes.

Durante o funcionamento de uma retificadora *centerless*, os diversos componentes, conforme apresentados na Figura 5.1, interagem entre si, e, em virtude do atrito presente na cinemática destes e da ação de forças cíclicas, energia é dissipada na forma de calor, ruído e vibração. As forças atuantes durante o funcionamento da máquina produzem oscilações e tensões que devem ser absorvidas pelos elementos estáticos (régua de apoio, base da máquina e mesa do rebolo de arraste) e dinâmicos (peça, dressador, rebolos de corte e arraste), de forma que não sejam indesejáveis para a operação de retificação, ou seja, que não afetem a qualidade do produto e o desempenho do processo.

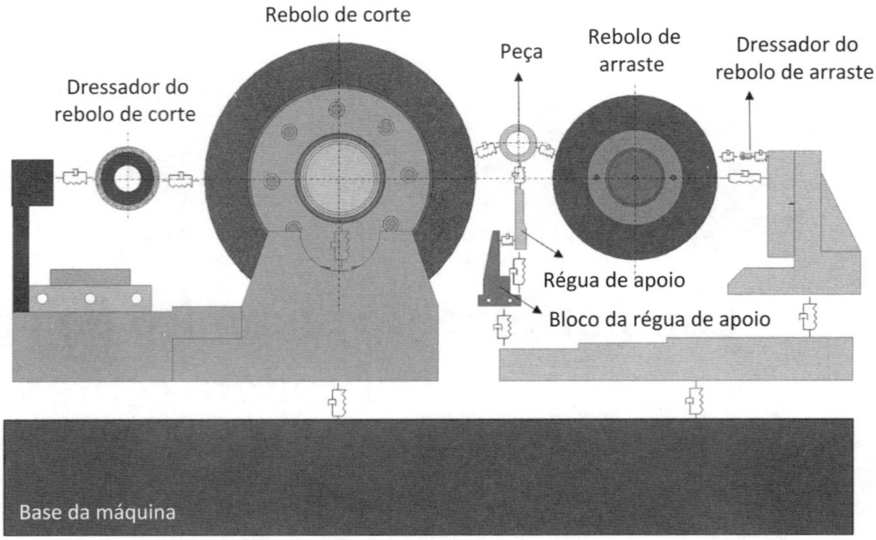

Figura 5.1 – Principais elementos de uma retificadora *centerless*.

Fonte: adaptada de Schreitmüller (1971)

Para uma definição adequada dos índices de vibração de uma retificadora *centerless*, é necessário realizar, periodicamente, uma análise de vibração do equipamento juntamente com uma avaliação das características de qualidade apresentadas pelos produtos retificados. Essas análises também são importantes para definir a vida útil de elementos de máquina, como sistema de transmissão, guias lineares, rolamentos, dentre outros.

Os indicadores de severidade em uma retificação *centerless* dependem das características de qualidade desejadas e devem ser determinados por meio de análise de vibração do equipamento e dessas características.

5.1 INTERFERÊNCIA DA VIBRAÇÃO NO PERFIL DO DESVIO DE CIRCULARIDADE DE COMPONENTES RETIFICADOS

Os desvios de circularidade presentes em um componente retificado na forma de ondulação harmônica são indesejáveis, pois, durante a aplicação de componentes que operam rotacionando, podem acarretar ruído elevado. Esses desvios gerados na retificação podem estar relacionados com as folgas excessivas devidas ao desgaste dos componentes de uma retificadora, o ajuste incorreto da altura da peça ou o fenômeno de ressonância. Se, durante o processo de retificação *centerless*, a frequência da peça se aproximar da frequência de algum componente da retificadora, como rebolo de corte, rebolo de arraste, sistemas de transmissão, régua de apoio ou rolos dressadores, existirá uma condição ressonante.

Quando esse fenômeno de ressonância se manifesta, o perfil do desvio de circularidade gerado na peça é descrito por uma oscilação harmônica, conforme apresentado na Figura 5.2.

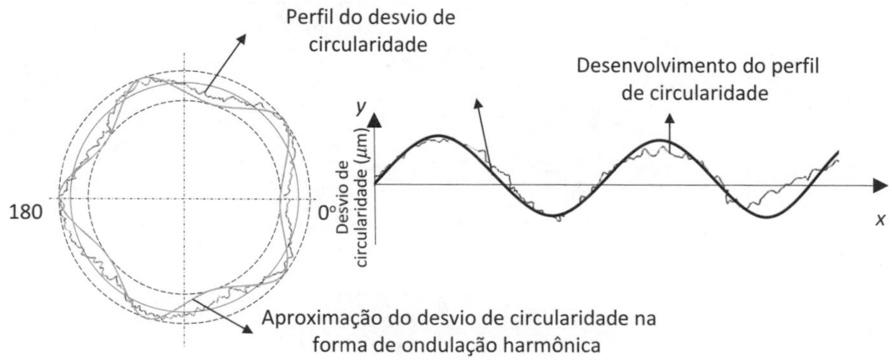

Figura 5.2 – Contorno da peça com ondulações harmônicas.

Fonte: adaptada de Schreitmüller (1971).

Conforme Schreitmüller (1971), a frequência da peça, f_w, pode ser definida pelo produto da rotação da peça pelo número de ondulação da peça, Z.

$$f_w = n_w . Z \tag{5.1}$$

A rotação da peça, n_w, pode ser calculada utilizando-se a seguinte Equação:

$$n_w = \frac{d_r}{d_w} . n_r . \cos(\alpha_r) \tag{5.2}$$

Portanto, é importante definir a frequência ressonante dos componentes dinâmicos de uma retificadora *centerless* e estabelecer a rotação da peça durante a retificação, para que sua frequência não coincida com a frequência desses componentes. A análise detalhada de vibração dos componentes de uma retificadora requer equipamentos específicos, como sensores piezoelétricos, *software* de análise de vibração, além de conhecimento e domínio em técnicas de análise de vibração.

O que se busca em um processo de retificação é controlar todos os parâmetros e fatores, de forma que as peças não apresentem desvio de circularidade no formato de ondulação harmônica. Peças como pinos de pistão, anéis e roletes de rolamento com desvios de circularidade no formato de uma oscilação harmônica podem, durante a aplicação, gerar níveis de ruído com intensidade fora dos limites de aplicação permissíveis.

Experimentos realizados mostram que os efeitos ressonantes no processo de retificação *centerless* não só interferem no formato do perfil como agravam o desvio de circularidade, conforme a Figura 5.3.

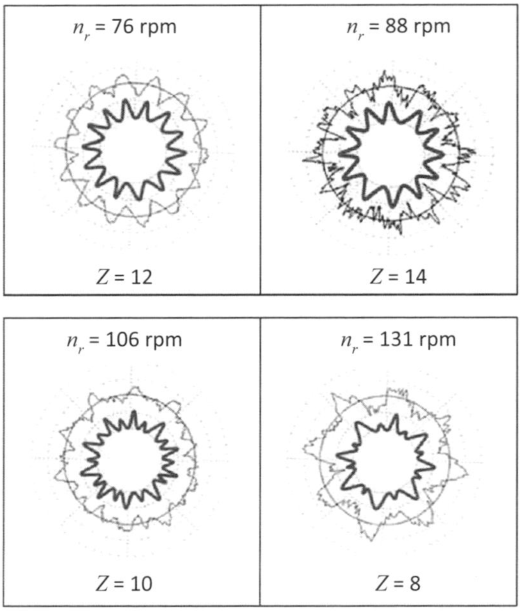

Figura 5.3 – Desvio de circularidade com ondulação harmônica para diferentes condições de rotação do rebolo de arraste (n_r).

Fonte: adaptada de Gonçalves Neto (2008).

Uma maneira de confirmar se o erro de circularidade na forma de ondulação harmônica está sendo provocado pelo fenômeno de ressonância é por meio da mudança da frequência da peça durante a operação de retificação, mediante alteração da rotação do rebolo de arraste. O aumento ou a diminuição da rotação do rebolo de arraste faz com que a peça gire em outra frequência, evitando a condição ressonante. As Figuras 5.4a e 5.4b apresentam os desvios de circularidade de peças que foram ajustadas fora de uma condição ressonante para um equipamento submetido às análises de vibração. Nas análises realizadas, nas quais o rebolo foi ajustado às rotações de 50 rpm e 170 rpm, os componentes retificados apresentaram como resultado menores desvios de circularidade. Para esses casos, as peças não apresentaram perfil de circularidade na forma de ondulação harmônica.

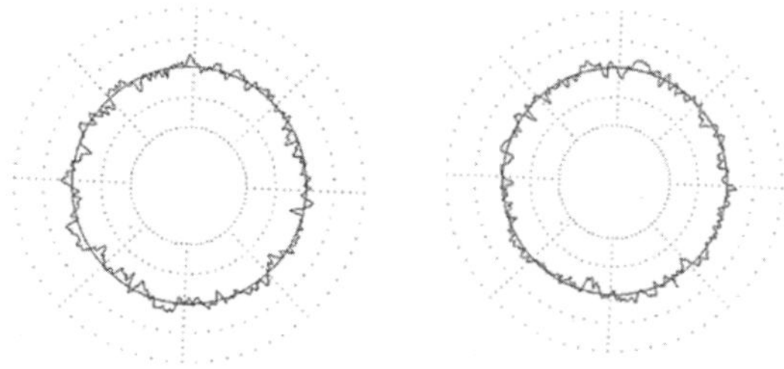

a. n_r = 50 rpm b. n_r = 170 rpm

Figura 5.4 – Desvio de circularidade sem ondulação harmônica.

Fonte: adaptada de Gonçalves Neto (2008).

O perfil de circularidade na forma de ondulação harmônica também pode ser devido às folgas excessivas de componentes da máquina, como mancais dos rebolos, correias, sistema de transmissão, barra de torção e unidades de dressagem dos rebolos. Dessa forma, se, durante a retificação, estiverem sendo geradas peças com ondulação harmônica e a alteração da rotação do rebolo de arraste não alterar o perfil de circularidade, isso significa que o defeito é oriundo de folgas dos componentes da máquina, ou até mesmo de desbalanceamento excessivo dos rebolos. Nesse caso, é necessário checar o desbalanceamento dos rebolos e se estes foram montados corretamente nos eixos.

CAPÍTULO 6

Fluidos de corte e modos de aplicação na retificação *centerless*

São abordados neste Capítulo os tipos de fluidos lubrirrefrigerantes, ou fluidos de corte, comumente utilizados nos processos de retificação *centerless*, destacando as suas principais vantagens e os diversos tipos de bocais utilizados nesse processo. Além disso, são apresentadas as equações necessárias para o cálculo de velocidade, vazão e força de um fluido em uma superfície.

6.1 FLUIDOS LUBRIRREFRIGERANTES NOS PROCESSOS DE RETIFICAÇÃO *CENTERLESS*

Essa nomenclatura torna evidentes as características básicas dos lubrirrefrigerantes, quais sejam: lubrificar e refrigerar, principalmente se tratando da peça durante o processo de remoção de material. Conforme Machado *et al.* (2015), não há uma padronização para classificar os lubrirrefrigerantes; e, dentre os diversos tipos (líquidos, gasosos e sólidos), os fluidos líquidos são comumente utilizados nos processos de usinagem, sendo classificados da seguinte forma: não miscíveis em água (óleos) e miscíveis em água (emulsões e soluções).

Dentre os diversos fluidos lubrirrefrigerantes disponíveis no mercado, os miscíveis em água são comumente utilizados nos processos de retificação *centerless*, com a taxa de diluição de óleo na água variando de 1/25 a 1/19. Altas taxas de diluição são evitadas nos processos de retificação *centerless*, pois, em alguns casos, o atrito entre o rebolo e/ou o cilindro de arraste e a peça pode diminuir e, dessa forma, dificultar a rotação desta durante a retificação. Um fator importante a ser considerado é a temperatura dos fluidos lubrirrefrigerantes. Na prática industrial, a temperatura recomendada varia de 22 °C a 28 °C.

Apesar de não serem comuns, os óleos de corte (minerais ou sintéticos) também são usados nos processos de retificação *centerless*. Em relação a estes, os fluidos de corte solúveis em água possuem maior capacidade de troca de calor. No entanto, os óleos de corte possuem melhores características lubrificantes, o que, por sua vez, reduz significativamente o atrito durante a remoção de material, contribuindo para a formação do cavaco e para melhores características de qualidade da retificação.

Um requisito de segurança para o uso de óleo de corte nos processos de retificação é que a máquina esteja equipada com sistema de combate a incêndio, pois, dependendo da taxa de remoção de material, as fagulhas geradas podem provocar incêndio no equipamento. Ademais, nas retificadoras *centerless* de passagem, algumas aplicações com óleo não são bem-sucedidas para a retificação de muitos produtos, uma vez que o baixo atrito pela presença do óleo dificulta a rotação da peça pelo rebolo de arraste.

Além de lubrificar e refrigerar a peça durante a retificação, os fluidos de corte possuem outro papel importante, que é retirar da região de corte o cavaco gerado durante o processo de retificação, evitando, assim, o empastamento do rebolo e o aumento do atrito na região de contato entre peça e rebolo. Nos processos de retificação *centerless*, esses fluidos mantêm a régua de apoio limpa e lubrificada e, dessa forma, contribuem para a redução do atrito entre peça e régua de apoio.

Na composição dos fluidos lubrirrefrigerantes também estão presentes diversos aditivos, os quais possuem caraterísticas anticorrosivas, que contribuem para evitar a oxidação da máquina e da peça, têm efeito antiespumante e biocida, dentre outros.

A utilização correta do fluido de corte nos processos de retificação favorece a formação do cavaco e uma melhor qualidade de retificação. Além disso, reduz o calor na região de corte e evita danos térmicos aos componentes retificados. Dessa forma, torna-se necessário aos profissionais das áreas de usinagem um conhecimento analítico dos aspectos térmicos e da distribuição de calor durante a retificação, bem como dos aspectos cinemáticos e do processo de formação de cavacos. Nesse sentido, os principais fatores que influenciam o balanço de calor e a formação do cavaco na retificação são: a composição, as características hidrodinâmicas e a forma de aplicação do fluido de corte, a especificação do rebolo de corte, o tipo de processo de retificação, o material a ser retificado e os parâmetros de retificação. A seguir, cada um desses será especificado.

- **Composição do fluido** – refere-se a viscosidade, tipo de fluido, capacidade lubrificante, capacidade de absorção de calor, aditivos etc. O controle frequente das características e da composição do fluido contribui para a estabilidade de um processo de retificação. Temperatura elevada do fluido, contaminação com óleo hidráulico ou partículas, viscosidade inadequada, teor de sujidade elevado devido a filtragem ineficiente, formação de espuma, dentre outros fatores, interferem negativamente na performance dos processos de retificação. Desse modo, a análise das características e da composição do fluido de corte deve ser realizada periodicamente por profissionais especializados em controle e análise de fluidos de corte.

- **Características hidrodinâmicas do fluido** – estão relacionadas com as formas de aplicação do fluido, a zona de contato e o formato do bocal utilizado. Dito isso, é necessário monitorar o fluxo do fluido e a velocidade do jato na saída do bocal para evitar fluxo com elevada dispersão, realizar aplicação direcionada para a zona de contato e, ainda, evitar a formação de camada de ar em torno do rebolo. Assim, a vazão adequada do fluido está relacionada com todas essas características, sendo o principal indicador o atendimento às características de qualidade, sem danos térmicos à peça.

Um fator de suma importância a ser considerado é a formação de vapores do fluido de corte durante a retificação. Conforme Winter (2016), esses vapores podem representar riscos à saúde dos trabalhadores e à integridade do equipamento. Dessa forma, é imprescindível a utilização de sistemas de exaustão ou o encapsulamento do equipamento, para evitar que esses fluidos se espalhem nas áreas ao redor das retificadoras, prejudicando a saúde dos trabalhadores e os equipamentos.

- **Aplicação do fluido** – trata-se da maneira como o fluido é aplicado na região de contato. Deve-se levar em consideração o tipo e o posicionamento do bocal, a geometria do material a ser retificado, a vazão e a velocidade do fluido na saída do bocal.
- **Rebolo de corte** – refere-se à performance do rebolo durante a retificação e está relacionada à capacidade de remoção de material, à característica autoafiante durante a remoção de material e a suas propriedades (dureza, estrutura e tipo de ligante, granulometria).
- **Processo de retificação** – refere-se ao tipo de equipamento, à rigidez e à capacidade de absorver vibração durante a retificação.
- **Componente a ser retificado** – refere-se às propriedades do material a ser retificado (dureza, estrutura, tratamento térmico, composição etc.) e a suas condições antes da retificação. A presença de fuligem na peça (resultante dos processos de tratamentos térmicos) e o excesso de material contribuem para o aumento de calor na zona de retificação.
- **Parâmetros de retificação** – conforme apresentado nos Capítulos anteriores, a performance de um processo de retificação *centerless* está relacionada principalmente aos diversos parâmetros para ajuste do equipamento.

6.2 BOCAIS MAIS EMPREGADOS NA RETIFICAÇÃO *CENTERLESS*

O desempenho e as características dos bocais aplicadores de fluido de corte na região de corte possuem influência direta nos resultados da retificação. Bocais que promovem uma grande dispersão do fluxo do fluido de corte na saída provocam o direcionamento de uma porção deste para fora da zona de retificação, não contribuindo para o efeito lubrirrefrigerante sobre a peça. Ou seja, esses bocais acarretam maior consumo de fluido para obterem o mesmo efeito em comparação com o processo em que se utiliza um bocal com baixa dispersão, o que resulta em maiores custos do processo de retificação e maior impacto ambiental.

Na representação de aplicação do fluido de corte no processo de retificação *centerless* dada pela Figura 6.1, observa-se um fluxo do fluido com elevada dispersão na saída do bocal. Nesse tipo de bocal, o fluido é disperso logo na saída, e uma elevada quantidade de fluido é necessária para promover um efeito lubrirrefrigerante adequado.

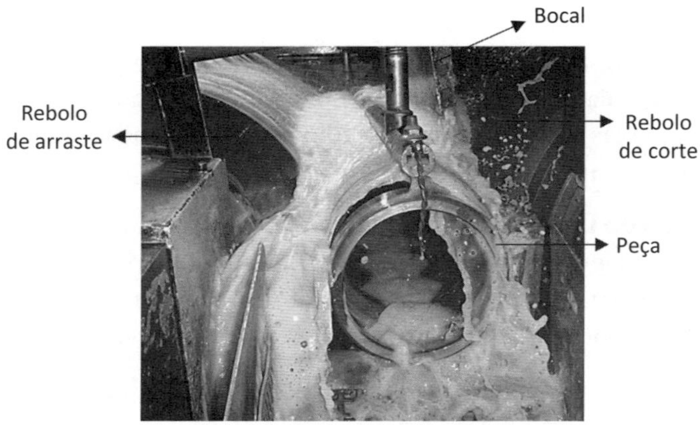

Figura 6.1 – Sistema de refrigeração convencional no processo de retificação *centerless* de passagem.

Fonte: adaptada de Gonçalves Neto (2013).

A utilização de um bocal adequado para aplicação de fluido de corte pode proporcionar diversas vantagens nos processos de retificação, como:

- menor consumo de energia durante a retificação, por manter a capacidade de remoção de material pelos grãos abrasivos por um período maior;
- contribuição para a redução da temperatura na região de corte, reduzindo a possibilidade de gerar danos térmicos à peça;
- maior taxa de remoção de material em relação ao uso de bocais convencionais;
- aumento dos intervalos de dressagem devido ao baixo desgaste da ferramenta abrasiva (rebolo);

- redução da vazão efetiva de emulsão e do consumo de fluido, contribuindo para a redução do custo de manutenção das centrais de tratamento, bombeamento e filtragem dos fluidos de corte;
- retirada facilitada de cavaco e partículas abrasivas da região de corte.

Existem diversos tipos de bocais aplicados aos processos de retificação, os quais buscam promover um melhor efeito lubrirrefrigerante e, por conseguinte, uma maior eficiência da retificação. A seguir, serão apresentados alguns tipos de bocais utilizados nos processos de retificação *centerless.*

6.2.1 BOCAL CONVENCIONAL

Devido ao seu formato construtivo (Figura 6.2a), o jato na saída do bocal convencional é disperso (Figura 6.2b) e com baixa velocidade; assim, não alcança efetivamente a região de corte e é pouco eficiente para conduzir os cavacos para fora da zona de corte e promover um bom efeito lubrirrefrigerante.

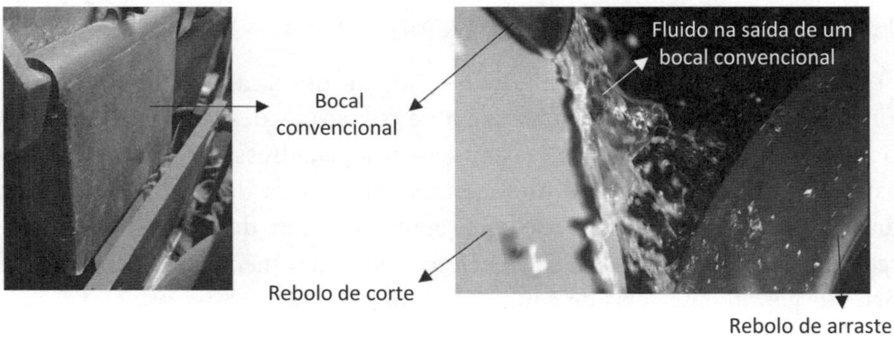

a. Bocal convencional b. Dispersão do fluido

Figura 6.2 – Fluxo do fluido na saída do bocal convencional no processo de retificação *centerless.*

Fonte: o autor.

Os bocais convencionais ainda são comumente utilizados nos processos de retificação *centerless.* Contudo, fornecem na saída um jato de elevado volume de fluido com baixa velocidade e, muitas vezes, com elevada dispersão. Dependendo das taxas de remoção de material e das dimensões dos rebolos, o consumo de fluido nos processos de retificação *centerless* com o uso de bocais convencionais pode atingir valores elevados, na ordem de 300 L/min (GONÇALVES NETO, 2013).

Segundo Webster *et al.* (2002), a aplicação correta do fluido na zona de corte está relacionada com a coerência do jato na saída do bocal. É definido como bocal coerente aquele que gera um fator de expansão do jato de fluido na saída com valor de duas a três vezes a uma distância de 300 mm. Bocais com jatos coerentes, ou seja, com menor dispersão do jato de fluido na saída do bocal (Figura 6.3), levam a um melhor resultado de retificação, pois transportam o fluido direto para zona de corte e com maior eficiência (WEBSTER e GRÜN, 2009).

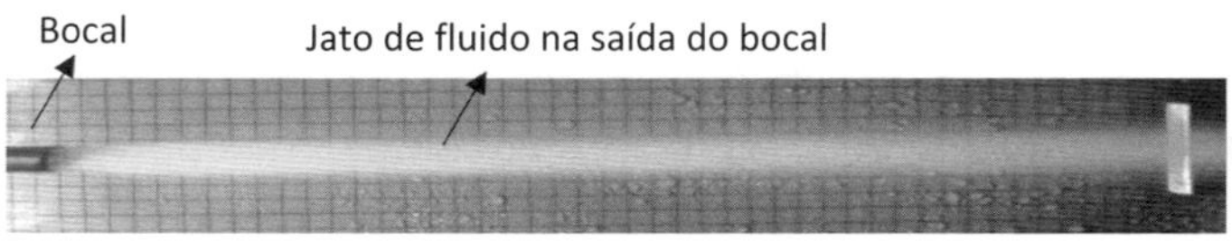

Figura 6.3 – Fluxo do fluido na saída de um bocal com baixa dispersão.

Fonte: adaptada de Gonçalves Neto (2013).

6.2.2 BOCAL CÂMARA

Esse bocal é ajustado ao perfil do rebolo, até que a folga entre eles se torne a menor possível. Durante a retificação, o fluido é bombeado para a câmara, e o rebolo funciona como uma bomba centrífuga que acelera e direciona o fluido através dos poros do rebolo para a região de corte (WEINGAERTNER, 2007).

A placa defletora, conforme a Figura 6.4, impede que a camada de ar que se forma em torno do rebolo seja conduzida à zona de contato. A desvantagem desse bocal é que o rebolo, à medida que for desgastando – seja pela dressagem, seja pela remoção de material –, deve ser ajustado juntamente com a placa defletora. Dessa forma, é adequado principalmente para o uso com rebolo de nitreto de boro cúbico (cBN), pois o desgaste é menor em relação ao convencional e possui somente uma pequena camada de cBN, que geralmente varia de 3 mm a 10 mm.

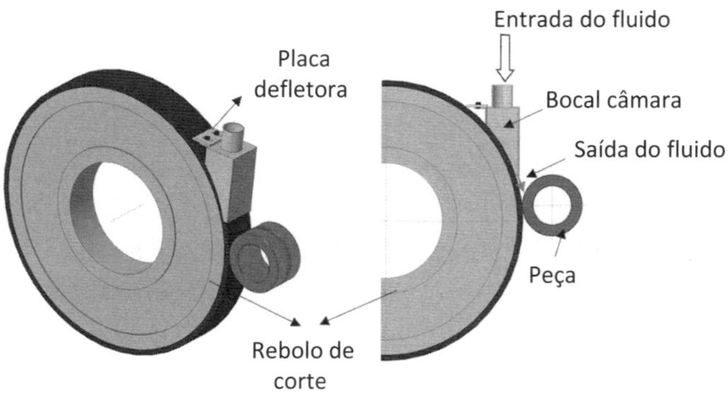

Figura 6.4 – Bocal câmara.

Fonte: o autor.

6.2.3 BOCAL COM ELEMENTOS CONDUTORES

Nesse tipo de bocal, os elementos condutores são utilizados para melhor distribuição do fluido na saída do bocal. A utilização do bocal com elementos condutores (Figura 6.5) necessita de uma combinação adequada entre vazão do fluido, velocidade de corte e disposição dos elementos condutores no interior do bocal, para garantir melhor efeito lubrirrefrigerante durante a retificação. Segundo Heinzel (1999), os elementos condutores contribuem para uma melhor penetração do fluido nos poros dos rebolos.

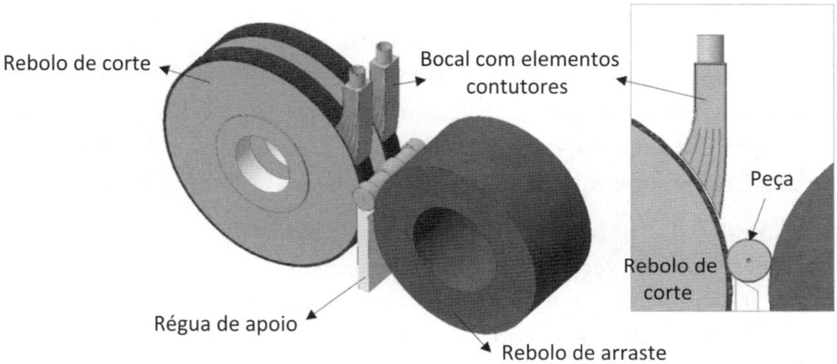

Figura 6.5 – Bocal com elementos condutores.

Fonte: o autor.

6.2.4 BOCAL DE JATO PLANO

A aplicação do fluido lubrirrefrigerante também pode ser feita por meio da utilização do bocal de jato plano, conforme apresentado na Figura 6.6. Esse conceito de bocal produz um fluxo direcional com maior velocidade de saída do fluido frente aos bocais convencionais, o que propicia redução da quantidade necessária de fluido e, ao mesmo tempo, melhor condição lubrirrefrigerante.

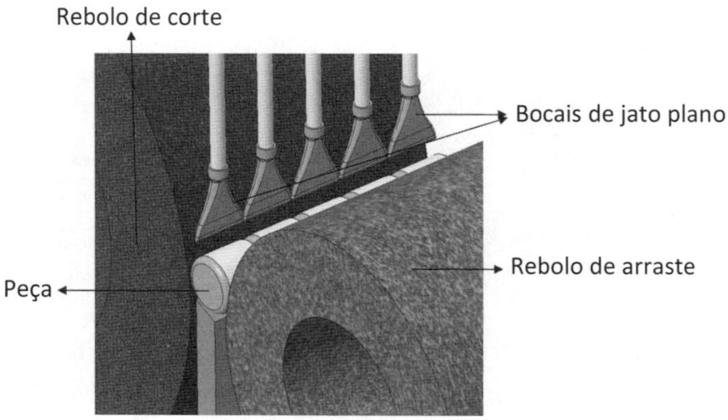

Figura 6.6 – Bocal com tubos.

Fonte: iZTCore 2023.

Pesquisas realizadas demonstraram que o sistema lubrirrefrigerante com bocal de jato plano, dependendo da condição de retificação, reduz em até 20% o consumo de fluido de corte mediante a utilização do bocal convencional. Além disso, melhores características de qualidade, como rugosidade e circularidade dos componentes retificados, também são observadas.

6.2.5 TÉCNICA MQL

A técnica da mínima quantidade de lubrificante (MQL), ainda não difundida nos processos de retificação *centerless*, combina a funcionalidade da refrigeração com um consumo muito baixo de fluido, eliminando a necessidade do descarte e minimizando possíveis impactos ao meio ambiente, uma vez que todo o fluido é consumido diretamente durante o processamento. Todavia, é uma técnica que ainda precisa ser aprimorada, a fim de ser empregada nos processos de retificação *centerless.*

Pesquisas realizadas por Barbosa, Delfino e Brandão (2017) mostram como principal problema do uso da técnica MQL nos processos de retificação *centerless* a dificuldade de se retirarem as partículas geradas na remoção material que ficam alojadas na superfície da régua de apoio e empastadas nos poros dos rebolos, provocando o aumento dos valores de rugosidade e de riscos nas peças.

6.3 BOCAL PARA LIMPEZA DA SUPERFÍCIE DO REBOLO DE CORTE

Além dos bocais aplicadores de fluido na região de corte, bocais adicionais para limpeza da superfície do rebolo (Figura 6.7) podem ser inseridos em torno do rebolo de corte para a obtenção de uma melhor performance do processo de retificação (DANESHI *et al.*, 2016).

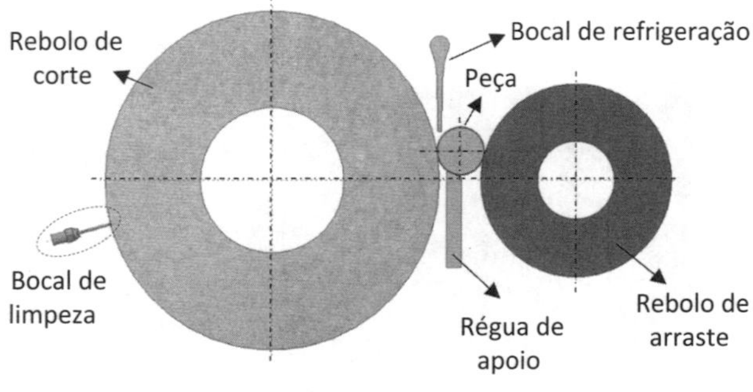

Figura 6.7 – Representação esquemática do bocal de limpeza do rebolo de corte.

Fonte: o autor.

De acordo com Perez (2015), o sistema de limpeza de rebolos com bocal de jato plano a elevada pressão permite ganhos significativos de produtividade no processo de retificação, como aumento dos intervalos de dressagem e redução dos tempos de ciclo, além de promover melhores características de qualidade e menor variação das tolerâncias diametrais dos componentes retificados.

Conforme Daneshi *et al.* (2016), quanto maior a pressão do jato de fluido, maior o efeito de limpeza da superfície do rebolo no processo de retificação, pois uma alta velocidade do fluido na saída do bocal aumenta a força do impacto do fluido na superfície do rebolo. A pressão do sistema de bombeamento para aplicação do fluido deve ser ajustada de acordo com as características do processo, o tipo de rebolo de corte e o fluido de corte. Recomenda-se a realização de experimentos para se adequar a pressão às características do processo.

6.4 CÁLCULO DE VELOCIDADE, VAZÃO E FORÇA DO FLUIDO APLICADO A UMA SUPERFÍCIE

Para o cálculo da vazão e da velocidade do fluido na saída do bocal de refrigeração, utiliza-se a equação da conservação de massa, Equação (6.1), e o cálculo da força de impacto de um jato de fluido em uma superfície pode ser determinado por meio da quantidade de movimentos na direção da linha corrente, Equação (6.2) (FOX *et al.*, 2010).

$$\frac{\partial}{\partial_t}\int_{VC}\rho\cdot d\forall+\int_{SC}\rho\vec{V}\cdot d\vec{A}=0 \tag{6.1}$$

$$\overrightarrow{F_a}+\overrightarrow{F_B}=\frac{\partial}{\partial_t}\int_{VC}u_s\,\rho\cdot d\forall+\int_{SC}u_s\,\rho\vec{V}\cdot\overrightarrow{dA} \tag{6.2}$$

Para simplificar a base de cálculo, essas equações podem ser reescritas algebricamente, desde que se façam as seguintes considerações do escoamento do fluido na saída do bocal: escoamento permanente (sem variação das propriedades do fluido com o tempo), fluido incompressível (considerado na maioria das aplicações com a utilização de líquidos) e propriedades do fluido uniformes nas seções de entrada e saída do fluido pelo bocal, ou seja, considera-se a velocidade uniforme na saída do bocal.

Assim, a força de impacto do fluido, F_f, em uma superfície pode ser calculada utilizando-se a seguinte Equação:

$$\overrightarrow{F_f}=\int_{SC}u\rho\vec{v}\cdot\overrightarrow{dA} \tag{6.3}$$

A vazão do fluido na saída do bocal pode ser calculada das seguintes formas:

$$Q = \overline{v}.A; \tag{6.4}$$

$$Q = \frac{V}{t}, \tag{6.5}$$

em que:

ρ – densidade do fluido (kg/m^3);

$\vec{v}$ – velocidade do fluido na saída do bocal (m/s);

u – componente do vetor velocidade, $\vec{v}$ (m/s);

A – área da seção na saída do bocal (m^2);

Q – vazão do fluido (m^3/s);

V – volume de fluido (m^3);

t – tempo (s).

A Equação a seguir representa outra forma para determinar a vazão teórica do fluido na saída de um bocal, que depende da pressão, da área da seção do bocal, do número de bocais e do coeficiente de perda de carga do bocal utilizado.

$$Q_{th} = C.A.\sqrt{\frac{2.p}{\rho}}.n \tag{6.6}$$

em que:

Q_{th} – vazão teórica do fluido na saída do bocal;

C – perda de carga do bocal de refrigeração (varia geralmente de 0,5 a 0,8);

A – área do orifício do bocal;

ρ – densidade do fluido (kg/m^3);

p – pressão (N/m^2);

n – número de bocais.

Exemplo 6.1

Um fluido com densidade de 980 kg/m³ sai de um bocal e atinge uma placa plana, conforme mostrado na Figura a seguir. A vazão do fluido na saída do bocal é de 10 L/min, e o diâmetro da seção do bocal é de 5 mm. Considerando um escoamento permanente, incompressível e uniforme na seção que cruza o volume de controle, determine a força com que a placa resiste à ação do fluido.

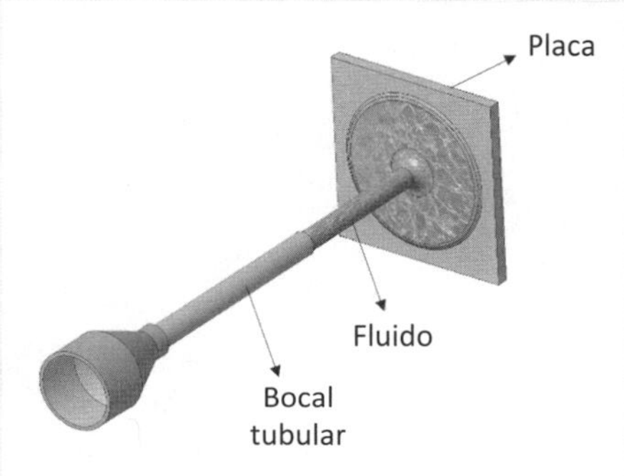

Resolução:

A Figura a seguir representa o escoamento na saída do bocal, que é dirigido normalmente a uma placa plana. As linhas tracejadas delimitam o volume de controle adequado para a análise do escoamento.

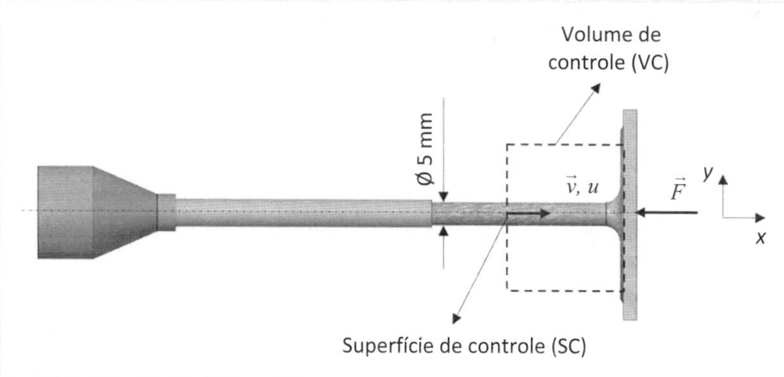

Como o escoamento do fluido é uniforme na saída do bocal e normal à placa, a componente de velocidade é igual à velocidade do fluido no bocal, e a área da seção do escoamento do fluido é uniforme. Portanto, pode-se reescrever a Equação (6.2) da seguinte forma:

$$\left|\vec{F}\right| = \rho . v^2 . A$$

Utilizando-se a Equação (6.4), pode-se calcular a velocidade do fluido na saída do bocal:

$$Q=\bar{v}.A$$

Conversão da unidade de medida da vazão:

$$Q=\frac{10\ \text{L}}{\text{min}}.\frac{1\ \text{min}}{60\ \text{s}}.\frac{1\ \text{m}^3}{1000\ \text{L}}=0{,}0001667\ \text{m}^3/\text{s}$$

Cálculo da área da seção:

$$A=\frac{\pi.\varnothing^2}{4}=\frac{\pi.0{,}005^2}{4}=0{,}0000196\ \text{m}^2$$

Cálculo da velocidade de escoamento do fluido na saída do bocal:

$$\bar{v}=\frac{Q}{A}=\frac{0{,}0001667}{0{,}0000196}=8{,}5\ \text{m/s}$$

Cálculo da força da ação do fluido sobre a placa:

$$\left|\vec{F}\right|=\rho\,.\,v^2.\,A=998.(8{,}5)^2.0{,}0000196\approx 1{,}4\ \text{N}$$

CAPÍTULO 7
Queima de retificação

São apresentados neste Capítulo os diversos tipos de danos térmicos (queima de retificação) que podem ocorrer em superfícies retificadas (maioria dos aços) e os métodos comumente utilizados para a detecção desses danos.

Queima de retificação é um termo geral que indica todas as mudanças negativas nas propriedades mecânicas da superfície de uma peça, as quais são provocadas por sobrecargas térmicas ocorridas durante o processo de remoção de material. Conforme Seidel *et al.* (2012), a queima de retificação ocorre quando o efeito do calor gerado na região de contato entre a peça e o rebolo de corte for suficiente para provocar um revenimento excessivo localizado ou, ainda, para demandar uma nova têmpera localizada à superfície retificada.

7.1 TIPOS DE QUEIMA DE RETIFICAÇÃO

A queima de retificação é geralmente um dano indesejável em componentes retificados e é um dos fatores limitantes à produtividade de um processo de retificação. Dependendo da sua intensidade, as propriedades mecânicas da peça podem ser alteradas, de modo a ocasionar a formação de trincas e levar à ruptura de componentes retificados durante a aplicação.

A seguir, são apresentados os possíveis tipos de queima de retificação que podem ser gerados em aços temperados durante o processo de retificação.

7.1.1 ZONA DE REVENIMENTO EXCESSIVO

Os aços geralmente são retificados após o tratamento térmico. O revenimento, quando usado corretamente após a têmpera, serve para aumentar a resistência à tração e a tenacidade do material. Esse processo sempre está ligado a uma redução da dureza e é obtido pelo aquecimento controlado do aço até a temperatura de revenimento (CALLISTER, 2010). Se, durante o processo de usinagem de um aço temperado, a sua temperatura de revenimento for alcançada, um revenimento excessivo da superfície desse material será gerado, resultando na perda de dureza superficial do componente retificado. Em uma análise metalográfica da seção desse material, a região com revenimento é caracterizada por uma coloração mais escura que a da região do material não afetada termicamente, conforme indicado na Figura 7.1.

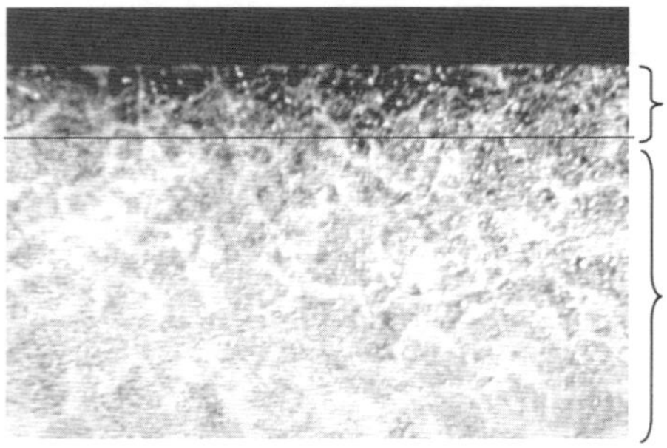

Figura 7.1 – Análise metalográfica de um aço SAE 52100 com queima de retificação (revenimento excessivo localizado).

Fonte: adaptada de Gonçalves Neto (2013).

7.1.2 ZONA DE RETÊMPERA

Dependendo das condições de retificação, o calor gerado na zona de corte pode atingir uma temperatura suficiente para provocar alterações microestruturais no material. Se, durante a retificação, a superfície da peça atingir a temperatura de austenitização do material e, depois, houver um resfriamento brusco pelo fluido de corte, uma transformação microestrutural poderá ocorrer, tendo como consequência a formação de uma camada superficial extremamente dura e frágil. Em uma análise metalográfica, a camada termicamente afetada (martensita não revenida) é caracterizada por uma região branca, conforme a Figura 7.2 (GONÇALVES NETO, 2013).

Essa nova zona de retêmpera gerada no processo de retificação é prejudicial à integridade da peça, pois a superfície endurecida torna-se extremamente frágil, deixando o material suscetível a trincas. Isso provoca uma redução considerável em relação à resistência ao desgaste e à fadiga dos componentes retificados durante a aplicação.

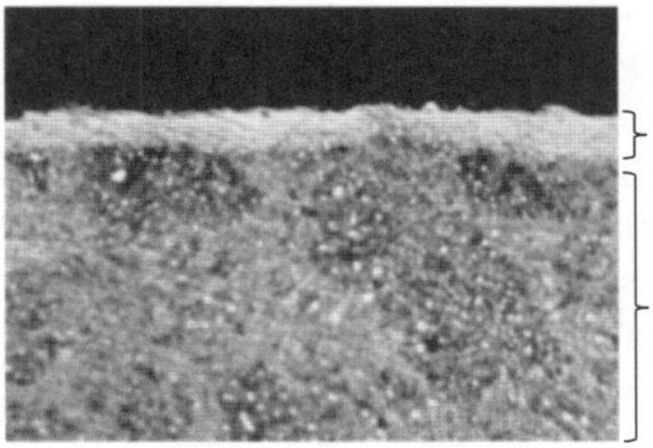

Figura 7.2 – Microestrutura de camada superficial do aço SAE 52100 afetada termicamente pelo processo de retificação (martensita não revenida).

Fonte: o autor.

7.1.3 TENSÕES RESIDUAIS NO PROCESSO DE RETIFICAÇÃO

O processo de retificação, invariavelmente, leva à formação de tensões residuais nas adjacências da superfície retificada, as quais podem afetar o comportamento mecânico da peça retificada. As tensões de usinagem são geradas pela expansão térmica e pela contração da peça durante a remoção de material, por transformações microestruturais e pelas deformações plásticas causadas pelos grãos abrasivos durante a remoção de material (MARINESCU *et al.*, 2004). A influência dos efeitos térmicos pode mudar a tensão residual na direção da tração e os efeitos mecânicos, na direção da compressão. Assim, a tensão residual resultante é a interação entre os efeitos térmicos e mecânicos.

As tensões residuais de tração são causadas principalmente por tensões induzidas termicamente, deformações associadas com a temperatura de retificação ou, ainda, pelo gradiente de temperatura que flui da superfície para o centro da peça. Dependendo da severidade, as tensões provocadas na superfície do material podem ultrapassar o seu limite de resistência e causar a formação de trincas superficiais no material retificado, conforme a Figura 7.3b (GONÇALVES NETO, 2013).

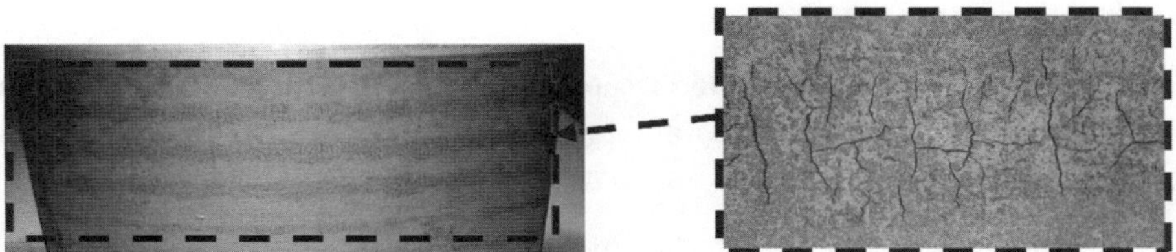

b. Seção ampliada de a

a. Marcas de queima de retificação após análise

Figura 7.3 – Trincas de um componente retificado reveladas após análise (macroataque).

Fonte: o autor.

As trincas superficiais geradas durante o processo de retificação podem se propagar no material durante o ciclo de trabalho, reduzindo substancialmente a sua resistência mecânica, com a possibilidade de falha prematura como resultado da fadiga do material. Na prática industrial, é definido um valor-limite para as tensões residuais de tração, variável conforme o material e a aplicação do componente retificado. Para garantir baixos valores de tensão residual, a temperatura na zona de corte durante a retificação deve ser mantida abaixo da temperatura de transição do material. Essas temperaturas de transição podem variar consideravelmente de acordo com o material e o tipo de tratamento térmico ao qual foi submetido.

Já as tensões de compressão são predominantemente geradas por interações mecânicas dos grãos abrasivos do rebolo com a peça. Durante o processo de remoção de material, as camadas externas da peça dilatam-se mais que as internas, pois se encontram a uma temperatura superior, levando à formação de tensões residuais de compressão em sua superfície. Por outro lado, quando o rebolo não está mais atuando (momento em que ocorre o resfriamento da peça), a camada externa deveria contrair-se mais, mas é impedida pelas camadas inferiores. Assim, surgem tensões residuais de tração na superfície durante o resfriamento (GONÇALVES NETO, 2013).

Ao contrário das tensões residuais de tração, as tensões residuais de compressão são consideradas benéficas às propriedades mecânicas dos materiais, proporcionando uma melhoria na integridade superficial (ALVES, BIANCHI e AGUIAR, 2008), uma vez que agem como barreiras, impedindo a propagação das trincas na superfície do material retificado.

7.2 TÉCNICAS DE DETECÇÃO DA QUEIMA DE RETIFICAÇÃO EM AÇOS

Diversos componentes mecânicos, como rolamentos, engrenagens, eixos, válvulas etc., utilizados principalmente nas indústrias automotiva e aeroespacial, requerem uma atenção especial na escolha dos parâmetros corretos para os processos de usinagem. A retificação realizada de forma incorreta pode gerar danos térmicos na superfície do material retificado e provocar falha prematura de componentes durante o ciclo de trabalho.

As diversas técnicas para caracterização das superfícies retificadas são definidas de acordo com o tipo de dano térmico nos componentes retificados e classificadas como destrutivas e não destrutivas.

Para os métodos destrutivos, destacam-se a microdureza, a análise metalográfica, o ataque ácido profundo e a análise de difração de raio-x, por vezes utilizada para investigação de tensões superficiais nas subcamadas de um material. Todos os métodos destrutivos geram efeitos negativos na superfície da peça; portanto, recomenda-se a utilização destes somente em casos específicos ou para fins de pesquisa.

Os métodos não destrutivos garantem que, após a análise, os componentes retificados estejam intactos e sejam liberados para seguir-se o processo produtivo. Os métodos comumente utilizados são: ataque com ácido nítrico (HNO_3), inspeção por partículas magnéticas, corrente de Foucault, ruído magnético de Barkhausen e análise 3MA.

São apresentados a seguir alguns métodos utilizados para a detecção da queima de retificação de componentes de aço retificados.

7.2.1 ATAQUE COM ÁCIDO NÍTRICO (HNO_3)

O ataque químico com ácido nítrico é um método convencional não destrutivo bastante utilizado para a análise de queima de retificação. Esse método é usualmente aplicado a componentes de aço-carbono e possui como finalidade revelar regiões da superfície das peças afetadas termicamente (GONÇALVES NETO, 2013).

A identificação das superfícies termicamente afetadas é feita visualmente. Se uma superfície da peça estiver totalmente livre de queima de retificação, esta apresentará uma coloração cinza uniforme, conforme apresentado na Figura 7.4a. Por outro lado, quando a superfície retificada apresenta marcas escuras, isso significa que a peça apresenta revenimento excessivo elevado. Geralmente, na retificação *centerless*, as superfícies com danos térmicos são apresentadas em forma de espiral, conforme as Figuras 7.4a e 7.4b. Se, após a análise com ácido nítrico, a superfície retificada apresentar marcas brancas (não ocorre reação com ácido), então, significa que o dano térmico foi intenso o suficiente para provocar a retêmpera do material (martensita não revenida), conforme indicado na Figura 7.4c.

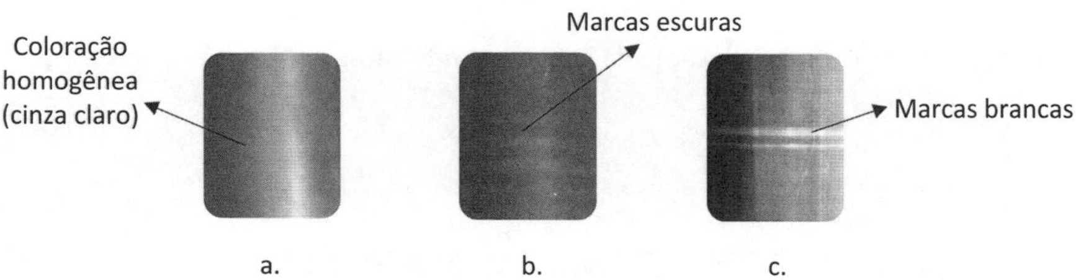

Figura 7.4 – Coloração superficial de componentes retificados após terem sido submetidos ao ataque com ácido nítrico.

Fonte: o autor.

Essa análise, contudo, é bastante subjetiva, visto que, em alguns casos de queima, a coloração revelada torna-se difícil de ser detectada, pois os resultados dos testes são influenciados pelo tempo de mergulho no ácido nítrico e pela sua concentração. Nesse sentido, um veredito correto requer experiência de quem faz esse tipo de análise e, em caso de dúvida, deve-se recorrer a uma análise metalográfica do componente retificado ou a outras técnicas, como a do ruído de Barkhausen.

As condições de ataque, como a composição química e o tempo, podem variar, para se atingirem as mais diversas finalidades de contrastes na análise de queima de retificação. Por isso, durante uma análise por ataque químico, é importante obedecer detalhadamente a sequência dos procedimentos para se identificar a queima de retificação.

A análise por ácido nítrico é um dos procedimentos mais simples para a detecção de queima de retificação. O procedimento inicia-se com a neutralização e a limpeza da peça. Em seguida, o componente é imerso na solução de ácido nítrico (taxa de diluição em água de 1% a 3%). O próximo passo é uma lavagem intermediária e a secagem da peça, conforme indicado na Figura 7.5. O tempo de mergulho na solução de ácido depende, em muitos casos, da dimensão da peça e do acabamento realizado nos processos de retificação.

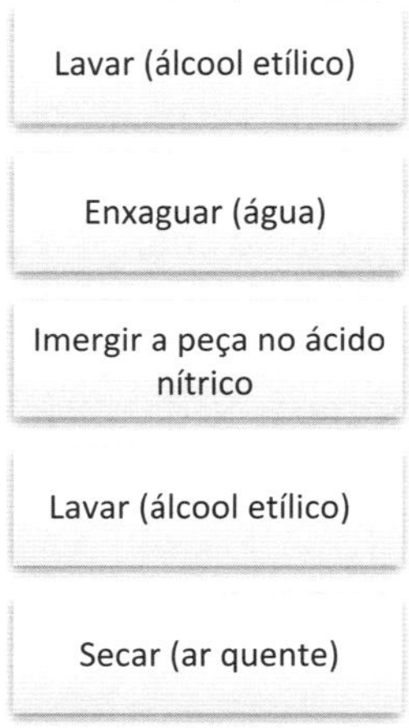

Figura 7.5 – Procedimento para verificação da queima de retificação por ataque químico.

Fonte: o autor.

7.2.2 INSPEÇÃO POR PARTÍCULAS MAGNÉTICAS

A inspeção por partículas magnéticas é um método não destrutivo para revelar descontinuidades superficiais e subsuperficiais em materiais ferromagnéticos (SCHMIDT; SKEIE; McINTIRE, 1989). A detecção das descontinuidades subsuperficiais é limitada e depende de profundidade, tipo, tamanho e forma da descontinuidade e da força do campo aplicado.

Esse método é baseado no fenômeno chamado campos de fuga, em que o fluxo magnético de um material ferromagnético é distorcido pela presença de descontinuidades, como trincas, porosidades, inclusões diferentes do material base, dentre outras. A distorção do fluxo magnético promove o aparecimento de polos magnéticos, capazes de atrair partículas magnetizáveis para a região da descontinuidade.

Os procedimentos por partículas magnéticas não podem ser usados com materiais não magnetizáveis, incluindo-se vidro, cerâmica, plástico e metais como alumínio, magnésio, cobre, aços austeníticos e ligas de aço inoxidável.

Dependendo da intensidade do dano termomecânico durante o processo de retificação, pode ocorrer o aparecimento de trincas na subsuperfície e na superfície do material, as quais são facilmente identificadas por meio da análise por partículas magnéticas (GONÇALVES NETO, 2013). Para isso, a peça precisa ser magnetizada, e, então, é aplicada uma suspensão que contém pó de ferro com pigmentos de cor. Em função da magnetização mais elevada nas aberturas das trincas, uma maior concentração de pó de ferro estará presente nessas regiões, tornando-se visíveis sob a luz ultravioleta.

Na Figura 7.6, demonstra-se a ocorrência de trincas em um componente retificado após o ensaio por partículas magnéticas, indicando intenso dano térmico na superfície retificada.

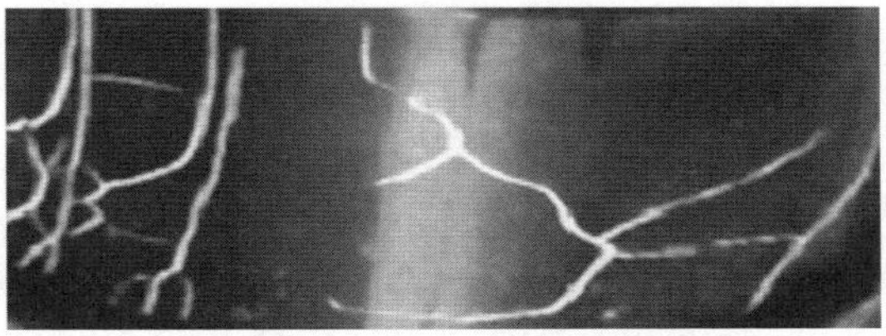

Figura 7.6 – Superfície de um componente de aço-carbono retificado após ensaio por partículas magnéticas.

Fonte: o autor.

7.2.3 CORRENTE DE FOUCAULT

É um método de análise não destrutivo, realizado com o auxílio de um sensor, que é deslocado sobre a superfície a ser verificada. O método tem como objetivo constatar uma alteração na estrutura do material retificado, com base no princípio de que mudanças na microestrutura alteram a condutividade do material. Com o auxílio de diferentes frequências de excitação da tensão elétrica induzida, pode ser verificada essa condutividade e, com isso, eventuais alterações estruturais no material retificado (GONCALVES NETO, 2013).

7.2.4 MACROATAQUE COM ÁCIDO CLORÍDRICO (HCl)

Esse método de identificação de queima de retificação em aços é classificado como destrutivo, pois, após a análise, as peças não podem ser utilizadas. Por meio dessa análise, é possível a identificação de tensões residuais de tração em superfície retificadas. Para isso, a superfície da peça é submetida ao processo de queima com ácido clorídrico 33%, a uma temperatura de até 80 °C. Caso existam esforços de tração, trincas típicas de tensões residuais (Figura 7.7) serão reveladas na superfície termicamente afetada pelo processo de retificação.

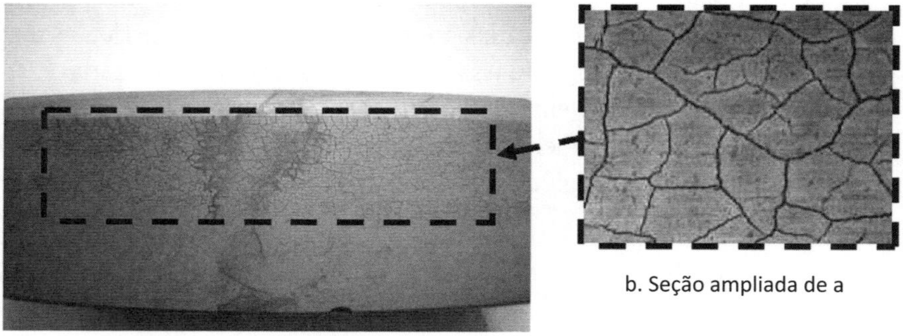

b. Seção ampliada de a

a. Trincas reveladas após análise

Figura 7.7 – Trincas reveladas pelo ataque químico com ácido clorídrico.

Fonte: o autor.

Em virtude dos efeitos adversos à saúde humana e do risco de contaminação do solo, o macroataque com ácido clorídrico deve ser realizado por profissionais qualificados, respeitando-se as normas de segurança e os procedimentos de manuseio, armazenamento e descarte de produtos químicos.

7.2.5 RUÍDO MAGNÉTICO DE BARKHAUSEN

O ruído magnético de Barkhausen (RMB) é um método não destrutivo de avaliação da integridade da superfície em aços ferromagnéticos. Comparada com as demais técnicas de ensaio não destrutivas, esta oferece certas vantagens, como maior agilidade na medição e equipamento portátil (KUMAR *et al.*, 2011). A profundidade máxima a partir da qual o sinal do RMB é detectado depende da força do campo magnético, de sua frequência de excitação, da permeabilidade do meio e da sensibilidade do sinal.

O RMB surge quando um material ferromagnético é submetido a um campo magnético variável. Tal ruído é produzido pelos movimentos discretos de paredes de domínios magnéticos. Esses movimentos ou saltos discretos geram pulsos magnéticos que podem ser monitorados por uma bobina colocada na superfície do material. Alterações produzidas na microestrutura do material afetam consideravelmente o movimento das paredes dos domínios magnéticos e, consequentemente, as características do RMB. Irregularidades presentes na rede cristalina atuam como barreiras ou pontos de ancoragem ao movimento das paredes dos domínios. Os pontos de ancoragem são atribuídos a diferentes parâmetros físicos, como contorno de grão, vacâncias, inclusões e deslocações.

Os instrumentos de medição da tensão residual pela técnica RMB expressam as unidades de medida N/mm^2, ksi ou parâmetro magnético elástico (mp). A unidade mp varia de 0 a 140 e corresponde a uma variação de $-650\ N/mm^2$ a $450\ N/mm^2$, em que os valores negativos correspondem às tensões de compressão e os positivos são relativos às tensões residuais de tração (GONÇALVES NETO, 2013).

7.2.6 DIFRAÇÃO DE RAIO-X

Análise por difração de raio-X é um método quantitativo utilizado para identificar danos termomecânicos sofridos pelo material após este ser submetido ao processo de retificação. Entretanto, em virtude dos elevados custos dos aparelhos e do tempo para preparação das amostras e para análises, o método não é comum nas áreas produtivas com fins de detecção da queima de retificação (ALAGUMURTHI, PALANIRADJA e SOUNDARARAJAN, 2006). A difração de raio-x permite realizar medidas em áreas muito localizadas ($<1\ mm^2$) e é utilizada para determinar as tensões residuais tanto na superfície como nas camadas subsuperficiais do material. É uma técnica de natureza não destrutiva quando utilizada para medir tensão residual na camada superficial de um material (GONÇALVES NETO, 2013).

7.2.7 ANÁLISE 3MA (MULTIPARÂMETRO MICROESTRUTURAL MICROMAGNÉTICO E ANÁLISE DE TENSÃO)

A detecção de danos termomecânicos nesse método é feita utilizando-se simultaneamente RMB, permeabilidade de interferência, corrente de Foucault e análise harmônica. As vantagens desse método estão relacionadas à praticidade na detecção sem o uso de produtos químicos, além de permitir a detecção tanto de nova zona de retêmpera como de revenimento e dados quantitativos referentes a dureza, tensões residuais e perfis de profundidade (ALTPETER *et al.*, 2011).

7.2.8 ANÁLISE METALOGRÁFICA

Nas ligas de aço, a microestrutura é caracterizada pelo número de fases presentes, por suas proporções e pela maneira segundo a qual elas estão distribuídas ou arranjadas. A análise metalográfica é uma técnica para se realizar uma avaliação rápida da superfície de componentes retificados, a fim de se caracterizarem as mudanças que ocorrem durante a operação de usinagem. A revelação dos detalhes da microestrutura é obtida mediante a preparação (lixamento e polimento) cuidadosa da superfície, seguida de um ataque químico que emprega um regente apropriado. O ataque químico produz uma textura diferente para cada fase, de modo que as diferentes fases podem ser distinguidas umas das outras com o auxílio de um microscópio óptico (GONÇALVES NETO, 2013).

7.2.9 MICRODUREZA

A microdureza é um método importante de análise para se avaliarem as possíveis alterações microestruturais induzidas durante os processos de retificação. Esse método reflete a condição estrutural de todas as camadas próximas à superfície retificada. A superfície da peça e as camadas que estão perto da superfície e que foram afetadas pela carga de calor durante o processo de retificação podem apresentar alterações na microestrutura, que resultam em variações de dureza (GONÇALVES NETO, 2013).

CAPÍTULO 8
Características e problemas de qualidade no processo de retificação *centerless*

São apresentados neste Capítulo as principais características de qualidade controladas nos processos de retificação *centerless*, alguns problemas de qualidade oriundos desses processos e as diversas medidas que podem ser tomadas para evitá-los e garantir um processo de retificação estável, atendendo às características de qualidade exigidas.

As características de qualidade controladas nos processos de retificação dependem basicamente das tolerâncias exigidas e da aplicação dos componentes. Para os processos de retificação *centerless*, as principais características de qualidade controladas são as que seguem.

8.1 CARACTERÍSTICAS DE QUALIDADE CONTROLADAS NO PROCESSO DE RETIFICAÇÃO *CENTERLESS*

8.1.1 RUGOSIDADE

São microirregularidades decorrentes do processo de fabricação. Essa variável é usada para descrever a qualidade das superfícies retificadas e está diretamente relacionada com as propriedades do material, os parâmetros de ajuste da retificadora, as variáveis de retificação, os tipos de abrasivo e dressador e as condições lubrirrefrigerantes (temperatura, teor de sujidade acima do recomendado, contaminação com óleo hidráulico, dentre outras).

Dentre as diversas características de rugosidade controladas nos processos de retificação, como R_z, R_p, R_q, R_v e R_t, a rugosidade média ou superficial, R_a, é um dos parâmetros comumente controlados nos processos de retificação *centerless*. A rugosidade superficial pode ser definida como a média aritmética dos desvios verticais em relação ao valor nominal ao longo de um comprimento específico (L), no qual os desvios superficiais são medidos conforme a Equação 8.1 (GROOVER, 2010).

$$Ra = \int_0^L \frac{|y|}{L} dx \tag{8.1}$$

Na Figura 8.1, está representado esquematicamente o perfil de rugosidade da superfície de um componente retificado.

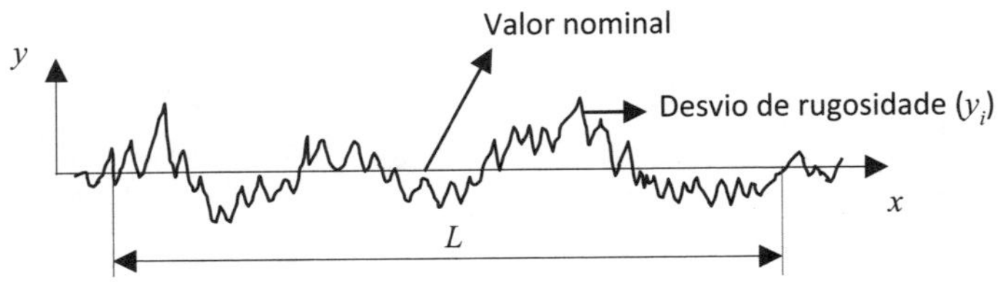

Figura 8.1 – Perfil da rugosidade R_a.

Fonte: o autor.

8.1.2 ONDULAÇÃO

Ondulação é um desvio no formato periódico na superfície de uma peça, distribuído circunferencialmente, conforme a Figura 8.2.

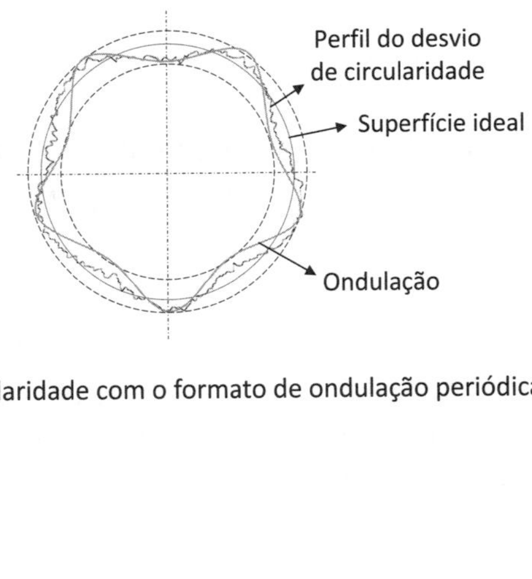

Figura 8.2 – Desvio de circularidade com o formato de ondulação periódica.

Fonte: o autor.

Esse defeito no processo de retificação *centerless* pode ser devido a folgas excessivas de componentes, às características dinâmicas do equipamento, às rotações críticas e aos parâmetros de ajuste. Dependendo da aplicação, ondulações presentes em componentes retificados que operam rotacionando promovem o aumento da intensidade dos índices de ruídos durante a aplicação.

8.1.3 CILINDRICIDADE

A cilindricidade é a condição de uma superfície de revolução em que todos os seus pontos são equidistantes de um eixo comum. O desvio de cilindricidade corresponde à distância radial entre dois cilindros coaxiais que incluem todos os elementos (pontos altos e baixos) de uma superfície cilíndrica, conforme representado esquematicamente na Figura 8.3.

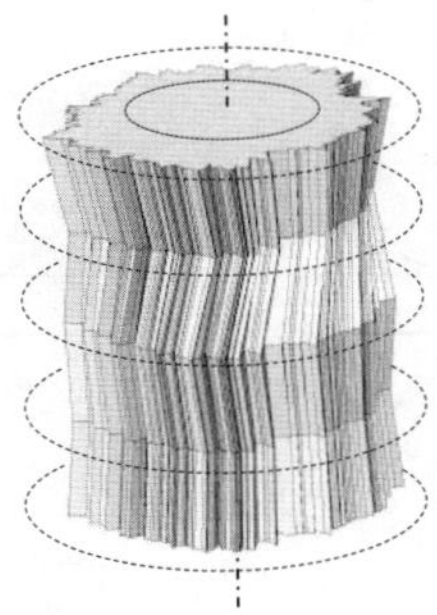

Figura 8.3 – Desvio de cilindricidade.

Fonte: o autor.

8.1.4 DESVIO DE CIRCULARIDADE

O desvio de circularidade representa o desvio radial macrogeométrico da seção circular da superfície de uma peça cilíndrica retificada em relação a um círculo de referência, conforme representado na Figura 8.4.

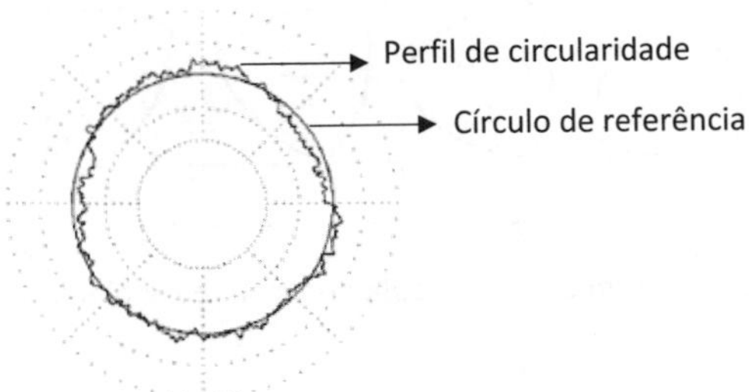

Figura 8.4 – Desvio de circularidade.

Fonte: o autor.

O desvio de circularidade durante o processo de retificação *centerless* é influenciado principalmente pelas variáveis geométricas e dinâmicas do processo de retificação. Todavia outras variáveis, como o tipo, a maneira de aplicação e a velocidade de saída do fluido de corte, folgas nos eixos, desbalanceamento, dentre outras, podem influenciar o desvio de circularidade de um componente durante a retificação.

A medição de peças circulares com desvio geométrico no formato oval pode ser realizada utilizando-se um relógio comparador e uma base plana para que seja possível a medição entre dois pontos, conforme indicado na Figura 8.5. O valor do desvio de circularidade será a metade do valor medido Δ_h.

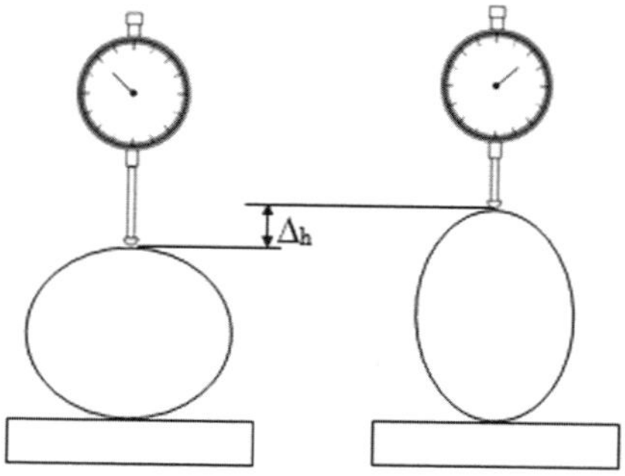

Figura 8.5 – Medição da ovalização.

Fonte: o autor.

Uma peça cilíndrica com desvio geométrico no formato poligonal não deve ser medida usando-se o relógio comparador e a base plana, como as peças com formato oval, pois, dessa forma, o valor do desvio de circularidade não seria detectado. Mesmo girando a peça, o valor seria o mesmo durante as medições, conforme apresentado na Figura 8.6.

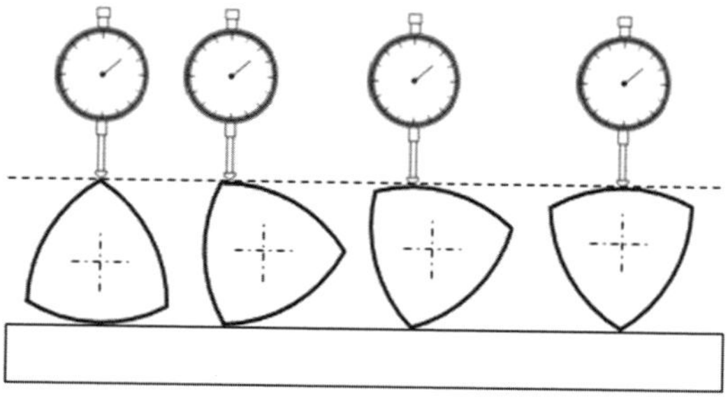

Figura 8.6 – Medição do desvio de circularidade poligonal com base plana.

Fonte: o autor.

Para esses casos, adota-se uma base prismática em "V" e um relógio comparador, a fim de que seja possível se fazerem medidas em três pontos, conforme apresentado na Figura 8.7.

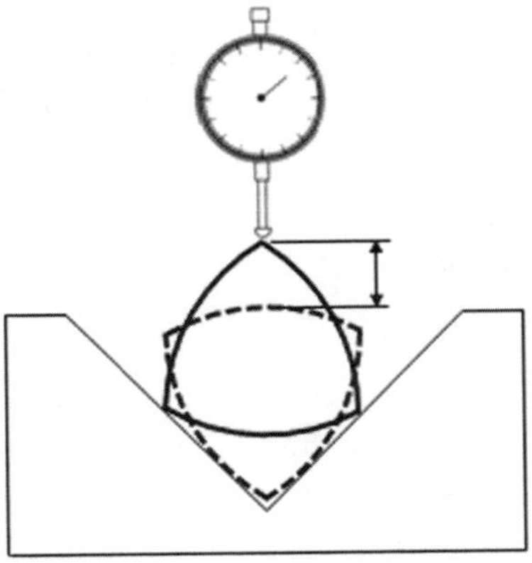

Figura 8.7 – Medição do desvio de circularidade poligonal com base prismática.

Fonte: o autor.

O ângulo da prismática depende do número de polígonos que a peça retificada apresenta. Para as peças que apresentam formato oval ou 3 polígonos, utiliza-se um ângulo da base prismática de 60°, e, para as peças com 5 e 7 polígonos, recomenda-se o uso de uma base prismática de 90° ou 108°.

Pode-se, também, utilizar equipamentos automatizados, especialmente projetados para medir o desvio de circularidade e verificar o seu formato. Esses dispositivos são conhecidos como circularímetros. No equipamento, a peça é posicionada sobre um dispositivo com base giratória, e a medição é realizada pelo contato do apalpador com a superfície da peça, como apresentado na Figura 8.8.

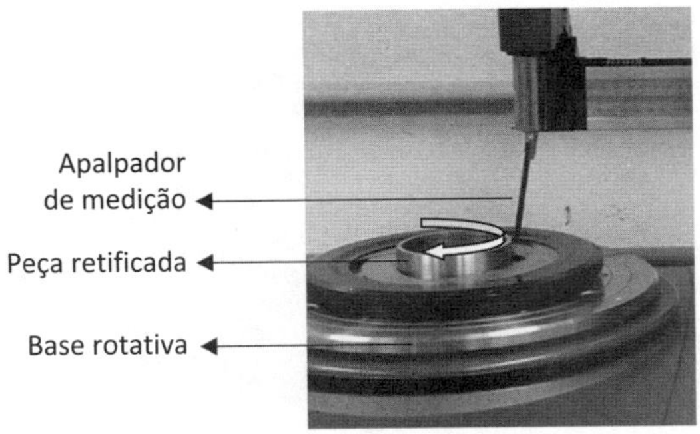

Figura 8.8 – Circularímetro para medição do desvio e do perfil de circularidade.

Fonte: adaptada de Gonçalves Neto (2013).

8.2 POSSÍVEIS CAUSAS DE PROBLEMAS DE QUALIDADE NO PROCESSO DE RETIFICAÇÃO *CENTERLESS*

São diversos os fatores que podem interferir no processo de retificação *centerless* e ocasionar defeitos nos produtos retificados, como queima de retificação, marcas em forma de espiral, desvios de circularidade, conicidade, paralelismo e ondulação acima dos valores especificados. Na sequência, apresentam-se as possíveis causas para os principais problemas de qualidade oriundos do processo de retificação *centerless.*

8.2.1 QUEIMA DE RETIFICAÇÃO

Há diversos fatores que podem estar relacionados à queima de retificação, dentre os quais é possível destacar: vazão de fluido de corte abaixo do recomendado; baixa pressão do fluido de corte; bocal de refrigeração mal ajustado, obstruído ou com elevada dispersão do fluido na saída; parâmetros de dressagem incorretos, pois valores altos do grau de recobrimento podem deixar o rebolo de corte com estrutura fechada, dificultando a remoção de material e, consequentemente, elevando a quantidade de calor local gerada; elevadas taxas de remoção de material; especificação incorreta do rebolo; rebolo com granulação muito fina; presença de espuma no fluido de corte; concentração do fluido fora do especificado; temperatura do fluido lubrirrefrigerante acima do recomendado; teor de sujidade do fluido de corte acima do recomendado; fluido de corte contaminado; e empastamento do rebolo de corte.

Quando o calor é excessivo na zona de corte durante a remoção de material, danos como revenimento excessivo localizado, retêmpera e trincas podem ocorrer na peça retificada, conforme ilustrado nas Figuras 8.9a, 8.9b e 8.9c, respectivamente.

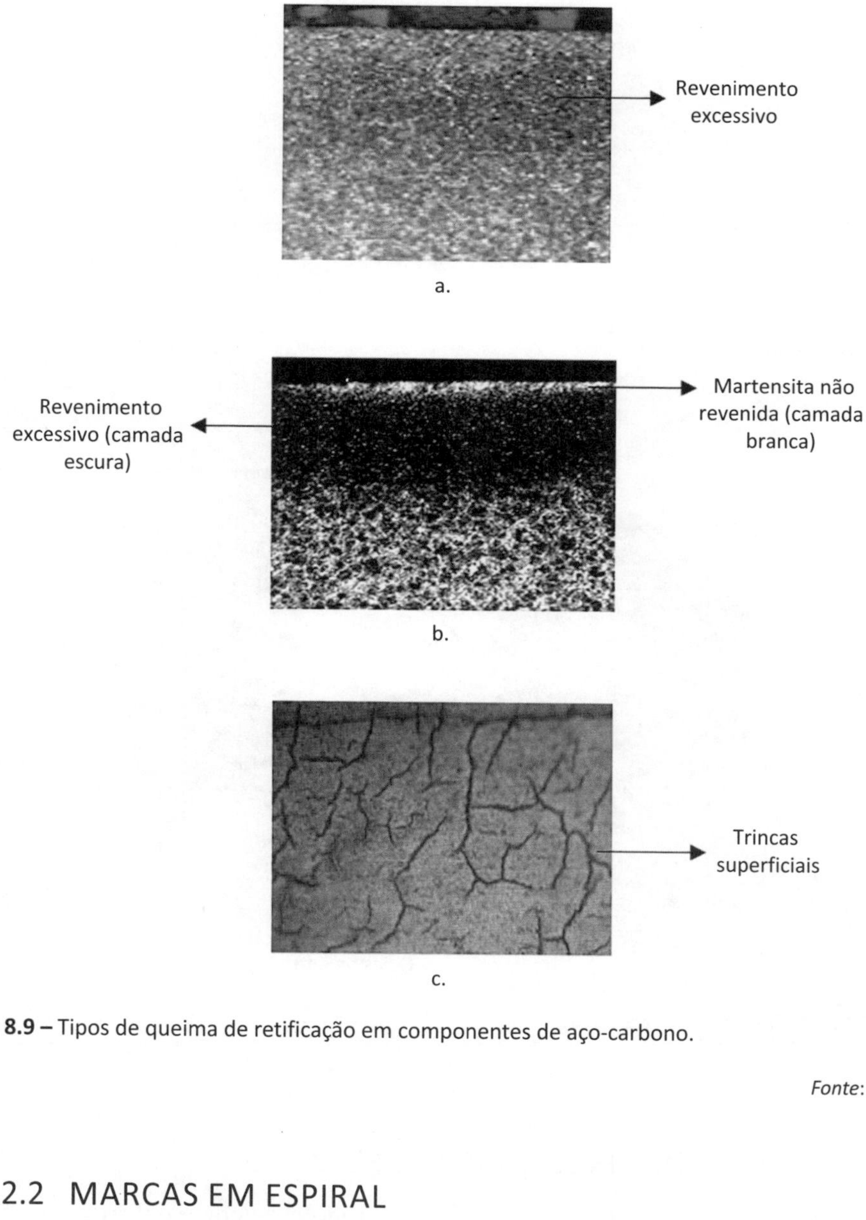

Figura 8.9 – Tipos de queima de retificação em componentes de aço-carbono.

Fonte: o autor.

8.2.2 MARCAS EM ESPIRAL

As marcas na peça em forma de linhas helicoidais (Figura 8.10), após a retificação, são causadas geralmente pela dressagem incorreta do rebolo de corte (velocidade elevada ou intervalos de dressagem muito altos), pelas partículas de impurezas contidas no fluido de corte ou pela falta de um chanfro (alívio) na saída do rebolo de corte. Esse defeito também pode estar relacionado ao desalinhamento das guias de entrada e saída. As guias (Figura 8.11) devem ser alinhadas em relação aos rebolos para que não interfiram na qualidade do produto e, ainda, devem estar paralelas entre elas e perpendiculares em relação ao rebolo de corte.

Figura 8.10 – Marcas em espiral.

Fonte: o autor.

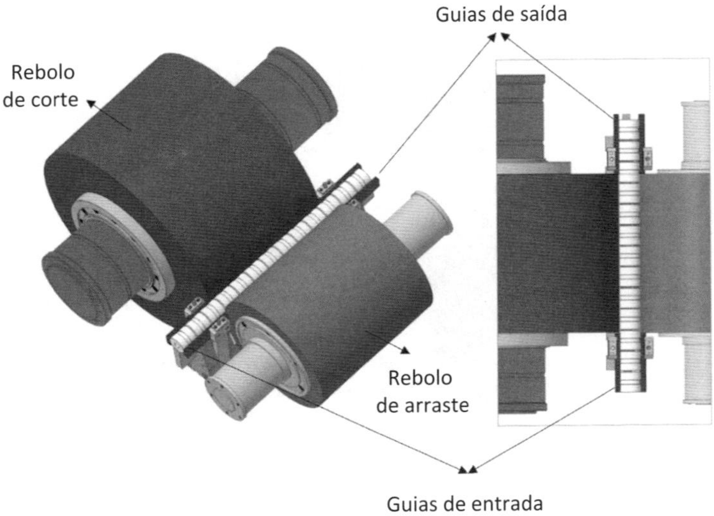

Figura 8.11 – Guias de entrada e saída.

Fonte: o autor.

8.2.3 DESVIO DE CIRCULARIDADE ELEVADO

Causado geralmente pelo seguintes fatores: rebolo de corte deformado ou com baixo poder de remoção de material; ajuste incorreto da altura entre centros (h_w); excesso de sobremetal para retificar; deformação do rebolo de arraste; régua de apoio gasta ou fixada incorretamente; baixo número de revoluções da peça durante o ciclo de retificação; rebolo de corte desbalanceado; folga excessiva nos mancais dos eixos dos rebolos ou no carro dressador; ferramentas de dressagem gastas ou danificadas; parâmetros de dressagem incorretos; vibração excessiva dos elementos da máquina; e quantidade de material insuficiente para corrigir defeitos provenientes dos processos anteriores.

8.2.4 VALOR DE RUGOSIDADE ELEVADO

Causado no processo de retificação *centerless* em virtude de especificação incorreta do rebolo para a aplicação (dureza, tamanho de grão, porosidade, tipo de grão); ferramentas de dressagem gastas; ajuste incorreto do giro da mesa do rebolo de arraste (faiscagem); velocidade de passagem da peça acima do recomendado; e rebolo com granulometria grossa.

8.2.5 RISCOS OU MARCAS DE RETIFICAÇÃO

Provocados no processo de retificação *centerless* em virtude de ajuste ou alinhamento incorreto das guias de saída (*centerless* de passagem); rebolo danificado; superfície da régua de apoio danificada ou gasta; ajuste incorreto da guia de proteção superior; irregularidades da superfície dos rebolos de arraste e corte; e elevada variação do sobremetal das peças para retificar.

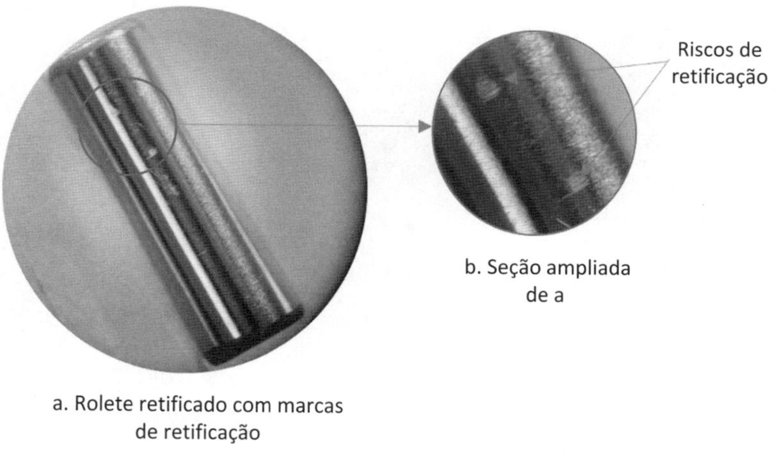

Figura 8.12 – Riscos de retificação.

Fonte: o autor.

8.2.6 DESVIO DE CILINDRICIDADE ELEVADO

Diz respeito a parâmetros incorretos de dressagem do rebolo de arraste; ajuste incorreto das guias de entrada e saída; ajuste incorreto do giro da mesa do rebolo de arraste; excesso de material para remover; ajuste incorreto da altura da régua de apoio; e régua de apoio magnetizada. No caso de alimentação com rolos cilíndricos ou esteiras em “V”, as causas do desvio de cilindricidade podem estar relacionadas a desalinhamento entre o sistema de alimentação e a régua de apoio, velocidade elevada dos cilindros ou esteira de alimentação incorreta.

8.2.7 ONDULAÇÃO ACIMA DOS LIMITES ESPECIFICADOS

Está relacionada a ajuste incorreto da altura entre centros; fenômeno de ressonância (frequência da peça coincide com a frequência natural da máquina); ajuste incorreto do giro da mesa do rebolo de arraste (faiscagem); empastamento do rebolo; folga do sistema de transmissão; folga da correia do rebolo de corte; folga dos componentes do sistema de dressagem; folga em correias; e desgaste da barra de torsão do rebolo de corte.

CAPÍTULO 9

Ferramentas abrasivas no processo de retificação *centerless*

São apresentadas neste Capítulo as informações necessárias para se compreenderem as aplicações e a utilização das diversas ferramentas abrasivas nos processos de retificação e a definição do "fator *G*" de um rebolo.

9.1 CARACTERÍSTICAS DOS REBOLOS DE CORTE

O que se espera de um rebolo de corte no processo de retificação é que este tenha maior vida útil possível, capacidade autoafiante, que promova um maior intervalo de dressagem durante o processo e que atenda às características de qualidade requeridas. Dessa forma, a definição das características de um rebolo depende de uma análise criteriosa do processo, na qual se devem considerar: o tipo de fluido a ser utilizado, os ciclos de dressagem, a taxa de remoção de material e as tolerâncias geométrica e de qualidade superficial exigidas para o produto a ser retificado. Além disso, as grandezas cinemáticas da máquina (rotação do rebolo, potência etc.) e as características do produto a ser retificado também são fundamentais para a especificação de um rebolo.

De acordo com Malkin e Guo (2008) e Winter (2016), as principais características técnicas que definem a especificação de um rebolo são: o tipo de abrasivo do rebolo, o tamanho do grão abrasivo, a dureza do rebolo, a estrutura e o tipo de ligante. Os rebolos são classificados conforme o tipo de abrasivo empregado na sua fabricação. Os superabrasivos são compostos de grãos abrasivos de diamante ou nitreto de boro cúbico (cBN), enquanto os demais são classificados como convencionais, sendo compostos de grãos abrasivos de carbeto de silício, óxido de alumínio, dentre outros abrasivos convencionais.

A identificação da especificação de um rebolo convencional é definida por diversas normas, mas basicamente segue a seguinte sequência: dimensão e formato do rebolo, código de manufatura, tipo e tamanho dos grãos abrasivos, dureza e estrutura (para rebolos convencionais), concentração (para rebolos superabrasivos), tipo de liga e velocidade de trabalho do rebolo, conforme exemplificado nas Tabelas 9.1 e 9.2.

Tabela 9.1 – Exemplo da identificação de um rebolo convencional

Dimensão (mm)	Código de manufatura	Tipo de grão abrasivo	Tamanho do grão abrasivo	Grau de dureza	Porosidade	Tipo de liga	Velocidade de corte
610 x 500 x 305	xxx	A	120	L	6	B	63 m/s

Tabela 9.2 – Exemplo da identificação de um rebolo superabrasivo

Dimensão (mm)	Código de manufatura	Tipo de grão abrasivo	Tamanho do grão abrasivo	Grau de dureza	Concentração	Tipo de liga	Velocidade de corte
500 x 200 x 305	yyy	D	150	P	100	V	120 m/s

9.1.1 TIPOS DE GRÃOS ABRASIVOS

De acordo com a NBR 15230 – Ferramentas abrasivas – Uso, manuseio, segurança, classificação e padronização –, da Associação Brasileira de Normas Técnicas (ABNT), os grãos abrasivos das ferramentas de corte dos processos de retificação são produtos naturais ou sintéticos granulados. Os abrasivos naturais empregados na fabricação de rebolos são: quartzo, coríndon e esmeril natural. Conforme Diniz, Marcondes e Coppini (1999), os abrasivos artificiais, como óxido de alumínio (Al_2O_3), carbeto de silício (SiC) e cBN, têm uma utilização mais ampla na fabricação de rebolos para os processos de retificação, pois possuem propriedades superiores aos naturais. Segundo Malkin e Guo (2008), os grãos abrasivos de diamantes também são utilizados na fabricação de rebolos e podem ser obtidos de forma sintética ou natural; são utilizados principalmente para a retificação de materiais cerâmicos. A seleção do tipo de abrasivo é determinada basicamente em função das propriedades físicas dos materiais a serem usinados.

Na Tabela 9.3, estão apresentados os valores típicos das propriedades de alguns materiais abrasivos utilizados na fabricação de rebolos.

Tabela 9.3 – Propriedades de alguns materiais abrasivos

Material	Al_2O_3	SiC	cBN	Diamante
Estrutura cristalina	Hexagonal	Hexagonal	Cúbica	Cúbica
Identificação	A	C	B	D
Condutividade (W/mK)	35	100	240-1300	600-2000
Calor específico (J/kg.K)	765	710	506	511
Estabilidade térmica (°C)	1750	1500	1400	800
Densidade (kg/m^3)	~3980	~3210	~3480	~3520
Dureza Knoop (kg/mm^2)	~2200	~2700	~4500	~8500
Ponto de fusão (°C)	~2040	~2830	~3200 a 105 kbar	~3700 a 130 kbar
Utilização	Aços em geral, aço rápido, aços temperados e cementados, aços inoxidáveis e ligas aeronáuticas	Geralmente utilizado para retificação de materiais não metálicos, vidro, ferros fundidos de tungstênio	Aços temperados, ligas aeronáuticas de alta dureza	Cerâmicas duras, materiais não metálicos e não ferrosos e metal duro

Fonte: adaptada de Machado *et al*. (2015); Diniz, Marcondes e Coppini (1999).

A tenacidade e a friabilidade são outras características importantes dos grãos abrasivos. A tenacidade é a capacidade que os grãos abrasivos têm de absorver energia, ou seja, suportar as tensões provocadas por impacto sem perder a ação de corte. Já a friabilidade está relacionada à facilidade de os grãos abrasivos fraturarem, criando arestas de corte, sem perder o poder de remoção de material durante os esforços de retificação. Quanto à fratura do grão abrasivo, esta é conhecida como um mecanismo de autoafiação do rebolo e depende do tipo de grão e dos esforços de retificação; pode ser considerada como micro ou macrofratura.

De acordo com Diniz (2004), os abrasivos de óxido de alumínio são geralmente utilizados para remoção de materiais de alta resistência a tração (materiais ferrosos), como aços e suas ligas e ferro fundido. Os grãos abrasivos de carbeto de silício são altamente duros e frágeis e empregados principalmente para usinagem de metal duro, cerâmica, vidro e aços austeníticos. Em alguns casos, também são utilizados para a retificação de aço-ferramenta temperado e revenido com dureza elevada (acima de 60 HRc).

Alguns grãos abrasivos convencionais comumente utilizados nos processos de retificação estão representados na Figura 9.1.

Óxido de alumínio fundido rosa | Óxido de alumínio fundido marrom | Óxido de alumínio fundido branco | Óxido de alumínio monocristalino sinterizado

Óxido de alumínio microcristalino sinterizado | Alumina zircônia fundida | Carbeto de silício verde | Carbeto de silício preto

Figura 9.1 – Tipos de grãos abrasivos convencionais.

Fonte: o autor.

Apesar de os rebolos convencionais atenderem à maioria das aplicações nos processos de retificação de aços, atualmente vem aumentando significativamente a aplicação de rebolos de cBN nos processos de retificação *centerless*. A principal vantagem desses rebolos em relação aos convencionais é uma menor dispersão das tolerâncias de diâmetro e maiores intervalos de dressagem, principalmente para os processos de retificação *centerless* de passagem, que apresentam maior dispersão do diâmetro retificado em comparação com o processo de retificação *centerless* de mergulho.

Os superabrasivos, como o cBN, possuem alta condutividade térmica em relação aos rebolos convencionais; assim, o calor gerado pelo processo é rapidamente retirado da região de corte, e a peça e a ferramenta abrasiva não são excessivamente aquecidas. Em virtude da elevada dureza, os grãos abrasivos de cBN se mantêm afiados durante a retificação por um maior período quando comparados com os abrasivos convencionais, favorecendo, dessa forma, a capacidade de corte do rebolo por mais tempo, a redução das forças de corte e, consequentemente, a menor geração de calor.

9.1.2 TAMANHO DOS GRÃOS ABRASIVOS

As dimensões dos grãos abrasivos e sua uniformidade são características importantes nos processos de retificação. O tamanho do grão abrasivo deve ser determinado em função da rugosidade desejada, do sobremetal da peça a ser removido e do tipo de operação executada. Na Tabela 9.4, tem-se a relação entre o tamanho especificado do grão abrasivo (granulometria "*mesh*") e a rugosidade da peça desejada para a operação *centerless.*

Tabela 9.4 – Acabamento em relação à granulometria do abrasivo (rebolo convencional) para retificação *centerless.*

Tamanho do grão abrasivo (granulometria "*mesh*")	Grau de acabamento – rugosidade R_a (μm)
60 a 80	0,4 a 0,7
80 a 100	0,2 a 0,4
120 a 150	0,1 a 0,2

Fonte: o autor.

Dependendo do grau de acabamento desejado, rebolos com granulometrias maiores (grãos abrasivos menores ou mais finos, como #150, #180 e #220) também são utilizados nos processos de retificação *centerless.*

9.1.3 DUREZA DOS GRÃOS ABRASIVOS

A dureza do rebolo trata-se da maior ou menor capacidade do aglutinante de reter as partículas abrasivas que constituem um rebolo. O grau de dureza correto para determinada operação é o que promove a remoção dos grãos abrasivos à medida que vão perdendo o poder de corte, expondo continuamente novas arestas. A dureza dos rebolos, conforme a NRB 15230, é representada qualitativamente por letras que vão de "A" a "Z", em que, quanto mais próximo de "Z", mais duro é o rebolo. Na Tabela 9.5, apresentam-se o grau de dureza e a classificação dos rebolos.

Tabela 9.5 – Grau de dureza e classificação dos rebolos

Grau de dureza	Classificação do rebolo
A, B, C, D	Rebolos extremamente macios
E, F, G	Rebolos muito macios
H, I, J, K	Rebolos macios
L, M, N, O	Rebolos de dureza média

(*continua*)

Tabela 9.5 – Grau de dureza e classificação dos rebolos (*continuação*)

Grau de dureza	Classificação do rebolo
P, Q, R, S	Rebolos duros
T, U, V, W	Rebolos muito duros
X, Y, Z	Rebolos extremamente duros

Fonte: Gonçalves Neto (2008).

Os rebolos convencionais com maior dureza geram maior quantidade de calor e vibração, pois os grãos abrasivos, ao se desgastarem, não são liberados tão facilmente como nos rebolos que apresentam menor dureza. Os grãos abrasivos desgastam e geram superfícies planas de corte, provocando, assim, o aumento do atrito com a superfície da peça. Dessa forma, demanda-se maior frequência de dressagem do rebolo.

Os rebolos macios e de média dureza são comumente empregados nos processos de retificação *centerless.*

9.1.4 ESTRUTURA DOS REBOLOS

Refere-se aos grãos abrasivos, ao ligante e aos espaços (poros) contidos no rebolo, conforme demonstrado na Figura 9.2. De acordo com Diniz (2004), a estrutura do rebolo indica a concentração volumétrica de grãos abrasivos no rebolo.

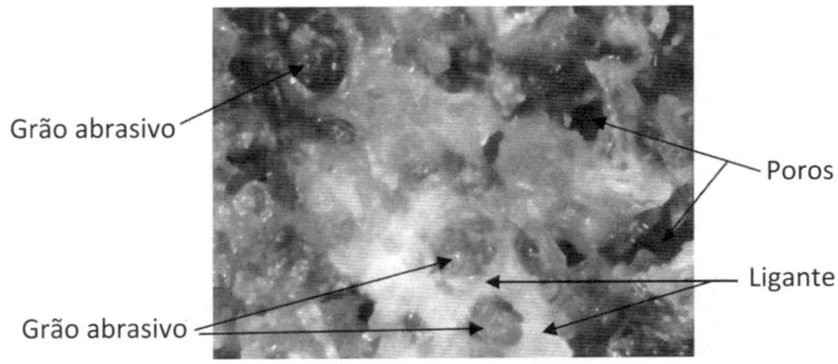

Figura 9.2 – Estrutura de um rebolo de corte convencional de óxido de alumínio.

Fonte: o autor.

A porosidade do rebolo é uma medida da distância média entre os grãos abrasivos no rebolo e da quantidade de grãos ou de faces de corte. Quanto menores forem os poros, mais fechada é a estrutura, bem como quanto maior a concentração de grãos, maior a dureza do rebolo. A estrutura (porosidade) de um rebolo é identificada por números que variam geralmente de 0 a 14. Quanto maior o valor, mais aberta é a estrutura do rebolo, ou seja, mais poroso ele é; assim, apresenta maior agressividade que um rebolo com estrutura fechada.

Conforme Winter (2016), os poros no rebolo são essenciais para se realizar o transporte de cavacos e do fluido de corte. As porosidades podem ser conseguidas na maioria dos rebolos adicionando-se materiais voláteis à mistura de grãos abrasivos e aglutinantes. Dessa forma, quando o rebolo for levado ao forno e atingir a temperatura de cura, os elementos voláteis evaporam-se, formando poros nos locais em que se encontravam. Outra forma de se adicionar a porosidade no rebolo é pela adição de esferas ocas de vidro (*glass bubbles*).

9.1.5 TIPOS DE LIGANTE DOS REBOLOS

O aglutinante ou ligante utilizado nos rebolos é o material que une os grãos abrasivos entre si. As ligas dos rebolos são indicadas por letras, conforme mostrado na Tabela 9.6.

Tabela 9.6 – Identificação de alguns ligantes empregados na fabricação de rebolos

Identificação da liga	Tipo de ligante
V	Liga cerâmica
B	Liga de resina sintética
BF	Liga de resina sintética fibrosa
R	Liga de borracha
RF	Liga de borracha fibrosa
G	Liga galvânica
M	Liga metálica

Fonte: Gonçalves Neto (2008).

Em virtude de suas diferentes propriedades térmicas, essas ligas podem influenciar os eventos térmicos que ocorrem na zona de retificação. Assim, a escolha do tipo de ligante vai depender principalmente do tipo de fluido a ser utilizado, do tipo de grão abrasivo, do material a ser retificado e da taxa de remoção de material durante a retificação. Geralmente, utilizam-se rebolos de corte de liga cerâmica nos processos de retificação *centerless* de desbaste e rebolos de liga resinoide nos processos de acabamento.

9.2 DEFINIÇÃO DO FATOR G DE UM REBOLO

O fator *G* de um rebolo é um número adimensional geralmente utilizado para acompanhar a vida útil do rebolo de corte. O fator *G* é definido como a razão entre o volume de material removido durante a operação de retificação e o volume de rebolo gasto, podendo ser definido por:

$$Fator\ G = \frac{Z_w}{Z_S} \tag{9.1}$$

O fator *G* é um valor importante a ser considerado no desenvolvimento de um rebolo e é utilizado para se comparar a performance do rebolo que está sendo desenvolvido ao rebolo utilizado no processo. Conforme Odebrecht (2003), esse número está relacionado com a vida útil da ferramenta abrasiva, pois, quanto maior o fator *G*, menor é o desgaste do rebolo no processo de retificação, ou seja, o perfil do rebolo se mantém por mais tempo. Assim, baixo fator *G* indica alto desgaste do rebolo na retificação e perda mais rápida do perfil, afetando a repetibilidade do processo em virtude da redução dos intervalos de dressagem.

Além do fator *G*, é necessário verificar a relação custo/benefício durante o desenvolvimento de um rebolo, pois nem sempre um rebolo com maior fator *G* representará uma maior economia para o processo. No cálculo de custo/benefício para desenvolvimento de um rebolo, devem ser considerados os intervalos de dressagem, o custo do rebolo, o fator *G* e a capacidade de remoção de material, que está diretamente relacionada ao tempo de ciclo. Quanto ao maior intervalo na frequência de dressagem, este representa menor tempo de parada do processo, menor consumo de abrasivo com dressagem e menores tempos de parada do equipamento.

Exemplo 9.1

Os produtos apresentados na tabela a seguir foram usinados em um processo de retificação *centerless* de mergulho utilizando um rebolo convencional de óxido de alumínio. O rebolo de corte com diâmetro inicial de 510 mm e comprimento de 400 mm foi utilizado até o final de sua vida útil, ou seja, diâmetro final de 360 mm. A partir dos valores apresentados na tabela, determine o fator *G* apresentado pelo rebolo.

Descrição do produto	Diâmetro final do produto (mm)	Comprimento do produto (mm)	Quantidade de peças retificadas	Sobremetal removido (mm)
C1	15	30	139.550	0,21
C2	12	25	331.401	0,20
C3	14	32	183.760	0,19
C4	20	30	214.330	0,25
C5	25	32	417.320	0,20

Resolução:

Para determinar o fator *G* do rebolo de corte, é necessário determinar o volume de rebolo gasto e o volume de material removido dos produtos que foram retificados.

a) Cálculo do volume de rebolo gasto (z_s)

Diâmetro inicial do rebolo: d_{si} = 510 mm

Diâmetro final do rebolo: d_{sf} = 360mm

Comprimento do rebolo: L_R = 400 mm

$$z_s = \frac{\pi}{4}.\left(ds_i^2 - ds_f^2\right).L_R = \frac{\pi}{4}.\left(510^2 - 360^2\right).400 = 40997784 \text{ mm}^3 = 0{,}041 \text{ m}^3$$

b) Cálculo do volume total removido dos produtos (z_w)

- Produto C1

Diâmetro inicial do produto C1: d_{wi1} = 15 mm + sobremetal = 15,21 mm

Diâmetro final do produto C1: d_{wf1} = 15 mm

Comprimento do produto C1: L_{w1} = 30 mm

$$V_{C1}=\frac{\pi}{4}.\left(dw_{i1}{}^{2}-dw_{f1}{}^{2}\right).Lw_{1}.\left(Quantidade\ de\ produtos\right)$$

$$V_{C1}=\frac{\pi}{4}.\left(\left(15+0,21\right)^{2}-15^{2}\right).30.139550=20859841\ \text{mm}^{3}=0,0209\ \text{m}^{3}$$

- Produto C2

$$V_{C2}=\frac{\pi}{4}.\left(\left(12+0,2\right)^{2}-12^{2}\right).25.331401=31494090\ \text{mm}^{3}=0,0315\ \text{m}^{3}$$

- Produto C3

$$V_{C3}=\frac{\pi}{4}.\left(\left(14+0,19\right)^{2}-14^{2}\right).32.183760=24736572\ \text{mm}^{3}=0,0247\ \text{m}^{3}$$

- Produto C4

$$V_{C4}=\frac{\pi}{4}.\left(\left(20+0,25\right)^{2}-20^{2}\right).30.214330=50815943\ \text{mm}^{3}=0,0508\ \text{m}^{3}$$

- Produto C5

$$V_{C5}=\frac{\pi}{4}.\left(\left(25+0,2\right)^{2}-25^{2}\right).32.417320=105303491\ \text{mm}^{3}=0,1053\ \text{m}^{3}$$

- Volume total removido z_w

$$z_w=V_{C1}+V_{C2}+V_{C3}+V_{C4}+V_{C5}=0,0209+0,03015+0,0247+0,0508+0,1053$$

$$z_w=0,233\ \text{m}^{3}$$

a) Cálculo do fator G

$$Fator\ G=\frac{z_w}{z_s}=\frac{0,233}{0,041}=5,7$$

CAPÍTULO 10

Montagem de rebolos e inspeção do equipamento de retificação

Os procedimentos normativos para montagem dos rebolos e inspeção preventiva de uma retificadora devem ser cumpridos para que, durante a utilização da máquina, danos ao equipamento, como quebra de rebolos e interferência na qualidade do produto, e principalmente acidentes envolvendo os operadores possam ser evitados.

10.1 MONTAGEM DE REBOLOS *CENTERLESS*

Antes de realizar a montagem do rebolo no eixo, é necessário inicialmente verificar se a embalagem do rebolo não está danificada e inspecioná-lo visualmente, com o intuito de detectar defeitos ocorridos durante transporte e manuseio inadequados. Para os rebolos vitrificados, além da inspeção visual, recomenda-se realizar o teste de som ou teste do sino (*bell test*), que consiste em bater cuidadosamente na face do rebolo com instrumento não metálico, para verificar se apresenta trincas. Para esse teste, o rebolo deve estar suspenso ou apoiado em uma superfície plana, de preferência de madeira para uma melhor propagação do som. A batida com um instrumento não metálico na face do rebolo é executada geralmente em 4 pontos, deslocados a 90° em 45°, 135°, 225° e 315°, conforme a Figura 10.1.

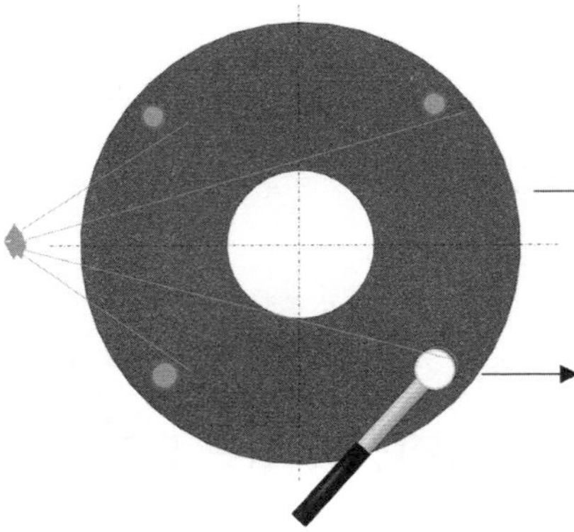

Figura 10.1 – Verificação de trincas pelo teste de som.

Fonte: o autor.

Durante o teste, o som produzido é bastante característico, permitindo ao inspetor identificar se o rebolo apresenta ou não a trinca. Um rebolo em perfeito estado produz um som puro, enquanto um rebolo trincado produz um som abafado. De acordo com a norma NBR 15230 da ABNT, o teste de som não é aplicável a alguns rebolos em virtude de seu formato e/ou seu tamanho. Essa avaliação é bastante subjetiva e depende da experiência do avaliador. De acordo com a intensidade da trinca ou do rebolo, não é possível detectá-la por meio desse teste. No caso de dúvida quanto às condições do rebolo, o fabricante deve ser acionado para realizar uma inspeção e, caso necessário, refazer os testes exigidos para avaliação e liberação do rebolo.

Outro item de grande importância na montagem do rebolo é o flange de fixação do rebolo, que deve estar em bom estado. O empenamento do flange e o batimento excessivo na face de apoio podem aumentar o risco de quebra do rebolo durante a operação, pois o flange toca somente alguns pontos do rebolo, diminuindo a área de contato flange-rebolo.

Após a liberação da inspeção, o rebolo pode ser montado no eixo. Ao montar o rebolo, deve-se observar a seta indicativa da sua face (Figura 10.2). Essa seta indica o lado mais leve do rebolo, de modo que, ao montá-lo, o eixo esteja em contato com o furo nesse lado, deixando toda a excentricidade para o lado mais pesado.

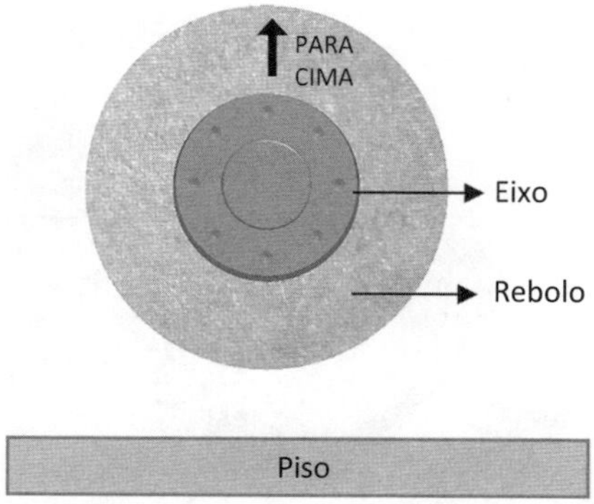

Figura 10.2 – Montagem do rebolo com eixo suspenso.

Fonte: o autor.

Quando a montagem do rebolo no eixo for realizada no piso ou na bancada, o eixo deverá se apoiar sobre o furo do rebolo no lado mais leve. Dessa forma, a seta "para cima" deverá estar posicionada para baixo, conforme indicado na Figura 10.3.

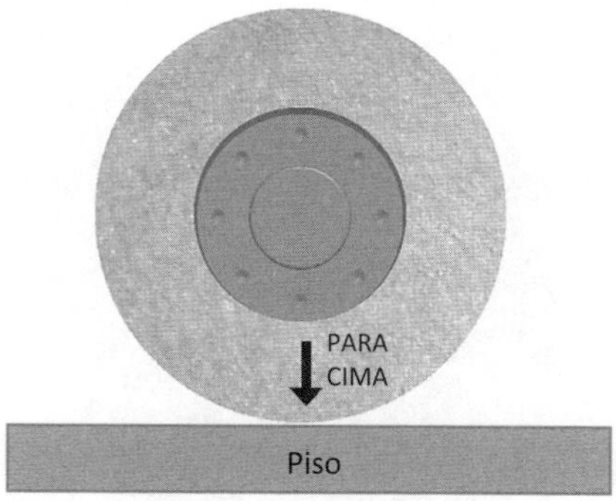

Figura 10.3 – Montagem para rebolo apoiado no piso.

Fonte: o autor.

É importante utilizar os rótulos para a montagem dos rebolos (Figura 10.4) e o torquímetro para o aperto correto dos parafusos, conforme a norma.

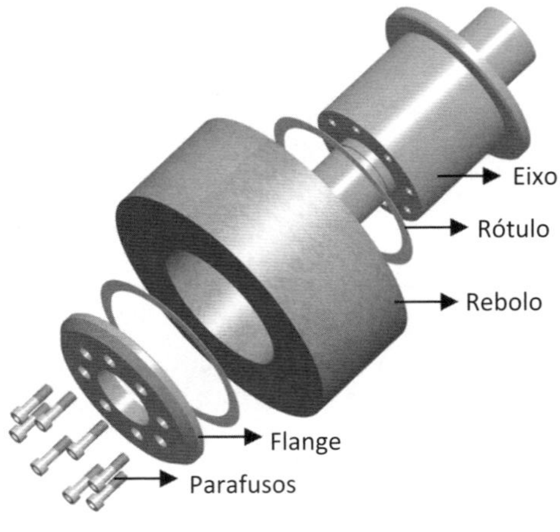

Figura 10.4 – Montagem do rebolo no eixo.

Fonte: o autor.

Os parafusos devem ser apertados no flange de parafusos múltiplos alternando-se a sequência de aperto, conforme indicado na Figura 10.5.

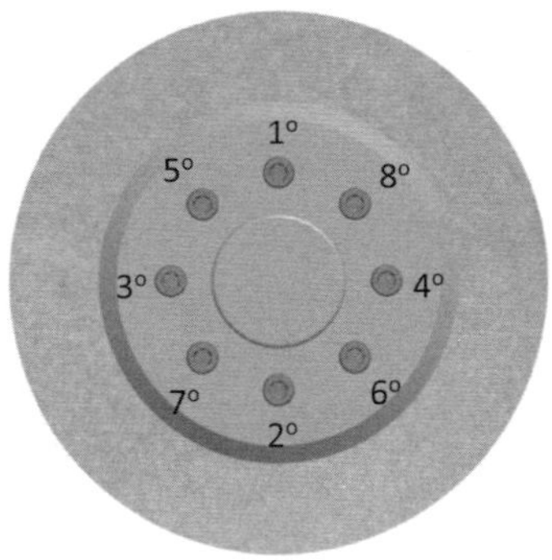

Figura 10.5 – Sequência correta de aperto dos parafusos.

Fonte: o autor.

Conforme a norma internacional EN 12413 - *Safety requirements for bonded abrasive products*, ou Requisitos de segurança para produtos abrasivos ligados –, o torque de aperto dos parafusos na montagem dos rebolos está relacionado com a altura total do rebolo, o tipo de filete e o diâmetro dos parafusos. Esses valores devem ser obedecidos na montagem do rebolo para garantir que este não fique com folga ou demasiadamente apertado, reduzindo a ocorrência de quebras e garantindo o correto funcionamento do equipamento durante a retificação, sem risco de acidente.

A velocidade de operação do rebolo de corte durante a retificação *centerless* depende da concepção do equipamento e do tipo de rebolo a ser utilizado; geralmente os rebolos operam nas seguintes velocidades: 33 m/s, 45 m/s, 63 m/s, 80 m/s, 120 m/s ou 150 m/s. Por motivos de segurança, é importante se atentar à velocidade máxima de operação especificada para cada tipo de rebolo de corte. Ela não deve ser superior à velocidade especificada para o rebolo em operação: ajustar a velocidade acima do máximo especificado pode provocar o estouro do rebolo e, consequentemente, a quebra do equipamento e um risco à vida do operador do equipamento.

As retificadoras *centerless* possuem um sistema para compensar a rotação do rebolo à medida que este desgasta para manter a velocidade periférica do rebolo constante. Esse recurso é importante nos processos de retificação e busca manter a capacidade de remoção de material da peça pelo rebolo do início ao fim da sua vida útil.

10.1.1 DESBALANCEAMENTOS DOS REBOLOS

Esse é considerado um fenômeno de não uniformidade de massa em torno de um centro de giro. O desbalanceamento de um rebolo pode ser originado no seu processo de fabricação, quando a distribuição de massa não está homogênea, ou pode ser devido a erros no formato geométrico do rebolo, montagem incorreta do rebolo no eixo ou folgas no equipamento.

O desbalanceamento de um rebolo tem efeitos negativos na produtividade e na qualidade da retificação, tendo consequências não só em relação às características de qualidade do produto, como marcas de vibração, ondulação e aumento dos valores de rugosidade e circularidade da peça, mas também ao equipamento. O desbalanceamento durante a retificação pode provocar desgaste e redução da vida útil de componentes do equipamento, como rolamentos, eixos, guias lineares, dentre outros.

O desbalanceamento do rebolo em máquina pode ser minimizado realizando o balanceamento por meio da adição ou remoção de massa no flange que prende o rebolo no eixo. Esse é um método convencional, mas ainda utilizado nas retificadoras em geral. Contudo, as máquinas modernas já são equipadas com dispositivos inseridos no eixo do rebolo que realizam o seu balanceamento automático.

Recomenda-se também que, ao final de um processo de retificação, desligue-se o fluido lubrirrefrigerante antes dos rebolos. Os rebolos devem ser mantidos em acionamento por alguns minutos e, em seguida, deve-se desligar sua rotação e a máquina. Caso este procedimento não seja seguido, o fluido pode se acumular na parte inferior do rebolo e provocar o desbalanceamento.

10.2 INSPEÇÃO PERIÓDICA DO EQUIPAMENTO

Conforme citado no início do Capítulo, muitos dos defeitos de qualidade oriundos dos processos de retificação *centerless*, principalmente os relacionados a circularidade e ondulação, devem-se às condições dos componentes da máquina-ferramenta. Dessa forma, para garantir o bom funcionamento de uma retificadora *centerless* e a confiabilidade do processo, é imprescindível a verificação preventiva de seus componentes.

Os intervalos para inspeção dos componentes de uma retificadora são determinados de acordo com as especificações do fabricante da máquina ou o registro de falha e manutenção corretiva do equipamento. A manutenção preventiva tem como objetivo reduzir a probabilidade de falhas ou a degradação dos componentes do equipamento, visando ao seu pleno funcionamento, sem perdas de performance ou desgastes prematuros.

A aplicação de sensores industriais para detecção de vibração em retificadoras é um método bastante utilizado atualmente para definir o momento da realização da manutenção preventiva de alguns componentes da máquina. É possivel, mediante a análise de vibração, monitorar a evolução de desgastes, desbalanceamentos e folgas em componentes e definir de forma preventiva o momento de realizar a manutenção do equipamento. A manutenção preventiva permite uma significativa redução nos custos de manutenção e processo.

Os principais componentes a serem avaliados periodicamente em uma retificadora *centerless* são:

- unidade de dressagem dos rebolos (sistema de lubrificação; desgaste das guias lineares ou prismáticas; folgas, desgaste e tensão das correias; acoplamento; rolamentos; estado da ferramenta de dressagem);
- guias lineares ou prismáticas das mesas de avanço dos rebolos de corte e arraste e unidades de dressagem;
- tolerâncias, folgas e desgaste dos componentes dos mancais dos rebolos;
- tensão e condição das correias dos sistemas de transmissão;
- sistemas de transmissão dos rebolos de arraste e de corte;
- acoplamentos e barra de torção do eixo do rebolo de corte;
- funcionamento da unidade hidráulica;
- componentes pneumáticos;
- bloco da régua de apoio;
- sistema hidráulico de travamento da régua de apoio e mesas de avanço dos rebolos;
- condição dos bocais de aplicação dos fluidos de corte.

Folgas em componentes que atuam dinamicamente em uma retificadora *centerless*, como rolamentos, eixos, mancais, acoplamentos e guias lineares, são as principais causadoras de desvios de circularidade acima das tolerâncias e, principalmente, de problemas de ondulação periódica nas peças retificadas. Além disso, podem limitar a força de corte e restringir o desempenho da máquina. Dessa forma, é de suma importância realizar de forma preventiva a manutenção desse tipo de equipamento.

Para as retificadoras *centerless* com eixo semiapoiado, recomenda-se uma verificação periódica do equipamento, sendo as principais avaliações:

- batimento radial dos eixos do rebolo de corte e de arraste (Figura 10.6);

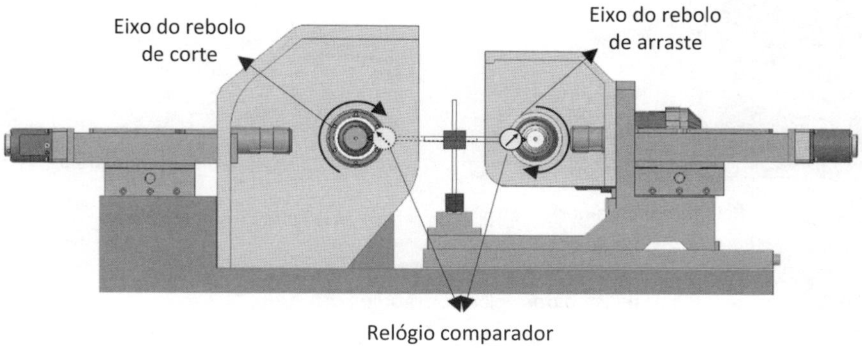

Figura 10.6 – Medição do batimento radial.

Fonte: o autor.

- batimento axial dos eixos dos rebolos de corte e de arraste (Figura 10.7);

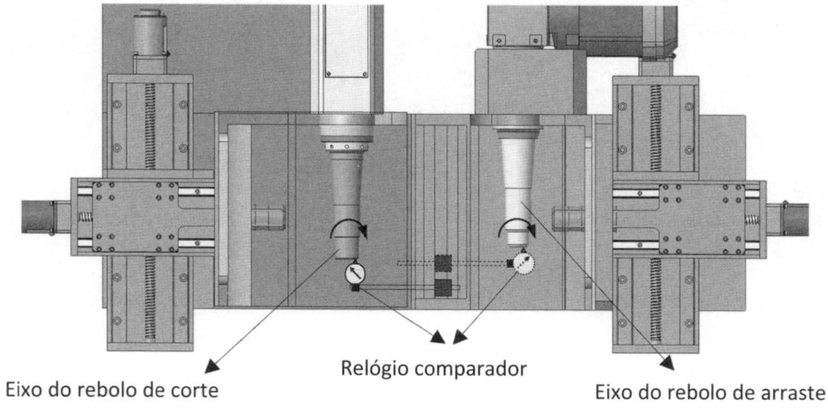

Figura 10.7 – Medição do batimento axial.

Fonte: o autor.

- paralelismo dos eixos dos rebolos de corte e de arraste (Figuras 10.8 e 10.9). Caso os eixos sejam totalmente cônicos, é necessário utilizar uma luva de aço retificada, que deve ser encaixada no eixo para realizar a medição.

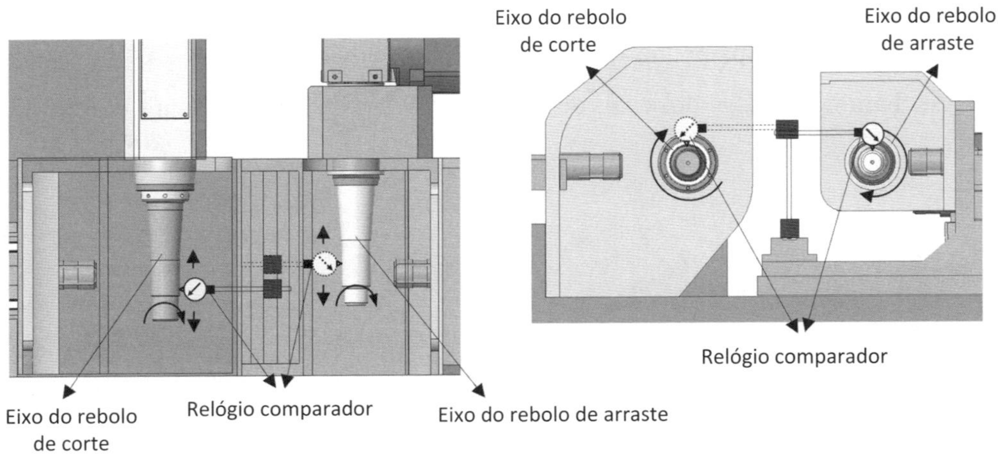

Figura 10.8 – Medição do paralelismo dos eixos dos rebolos.

Fonte: o autor.

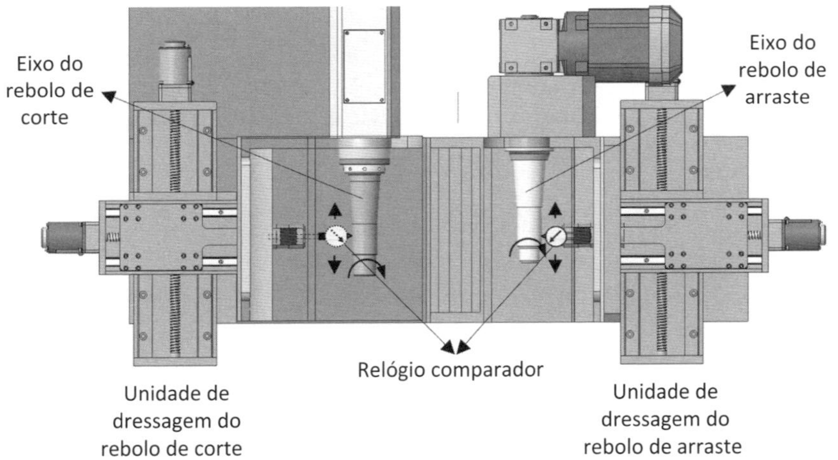

Figura 10.9 – Medição do paralelismo dos eixos dos rebolos em relação às unidades de dressagem.

Fonte: o autor.

A medição dos valores de cada característica geométrica controlada deve ser realizada conforme as recomendações do fabricante do equipamento, pois é necessária para obter as tolerâncias de qualidade exigidas e predefinidas para o processo de retificação.

Para as máquinas que utilizam eixos dos rebolos com mancal duplo biapoiado, devem-se verificar periodicamente: folgas, danos e desgaste nos rolamentos e demais componentes; alojamento da barra de torção; barra de torção; correias do sistema de acionamento; e retentores (Figura 10.10). Para máquinas que trabalham em regime intermitente, a manutenção dos eixos pode ser realizada trimestral, semestral ou anualmente, dependendo dos esforços aos quais o equipamento é submetido durante a retificação.

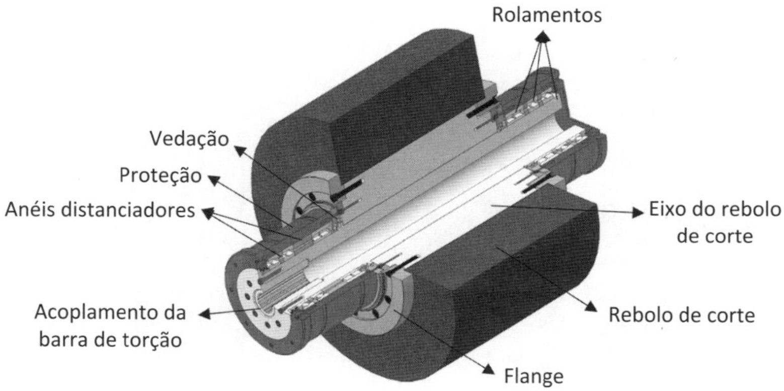

Figura 10.10 – Representação em corte de um eixo do rebolo de corte (duplo mancal).

Fonte: o autor.

Referências

ALAGUMURTHI, N.; PALANIRADJA, K.; SOUNDARARAJAN, V. Phase transformation and residual stress analysis in grinding of steel material – a detailed experimental investigation. *Journal for Manufacturing Science and Production*, v. 7, 2006.

ALTPETER, I.; BOLLER, C.; KOPP, M.; WOLTER, B.; FERNATH, R.; HIRNINGER, B.; WERNER, S. Zerstörungsfreie Detektion von Schleifbrand mittels elektromagnetischer Prüftechniken. *DACH-Jahrestagung*, 2011.

ALVES, M. C. S.; BIANCHI, E. C.; AGUIAR, P. R. Influência da velocidade de avanço do rebolo nos danos de aços endurecidos retificados. *Revista Matéria*, v. 13, n. 4, p. 636-642, 2008.

BARBOSA, E. L.; DELFINO, A. C. S.; BRANDÃO, L. C. The use of alternative coolant techniques to reduce the environmental in the use of water in through-feed centerless grinding. *International Journal of Advanced Manufacturing Technology*, v. 91, p. 9-12, jan. 2017.

BIANCHI, C. E.; AGUIAR, P. R.; PIUBELI, B. A. Aplicação e utilização dos fluidos de corte nos processos de retificação. São Paulo: Artliber, 2004.

CALLISTER, W. D. *Materials science and engineering: an introduction*. 8. ed. Hoboken: John Wiley & Sons, 2010.

CATAI, R. E. *Otimização das condições de refrigeração/lubrificação no processo de retificação cilíndrica de mergulho*. Dissertação – Universidade Paulista, Guaratinguetá, 2004.

DANESHI, A.; JANDAGHI, N.; LUDIWIG, S.; AZARHOUHANG, B. Kühl- und Reinigungsdüsen; neue Entwicklung und Auswahl. In: *Moderne Schleiftechnologie und Feinstbearbeitung*. Stuutgart: Vulkan Verlag, 2016.

DINIZ, A. E. Processos abrasivos de usinagem: retificação com rebolos abrasivos (Apostila do curso de especialização em Automação Industrial). Universidade Estadual de Campinas, 2004.

DINIZ, A. E., MARCONDES, F. C.; COPPINI, N. L. *Tecnologia da usinagem dos materiais*. São Paulo: MM, 1999.

FOX, R. W.; McDONALD, A. T.; PRITCHARD, P. J.; MITCHELL, J. C. *Introdução à mecânica dos fluidos*. 8. ed. São Paulo: LTC, 2010.

FRIEDRICH, D. *Prozessbegleitede Beeinflussung des geometrischen Rundungseffektes bem spitzenlosen Aussenrundeinstechschleifen*. (Dissertation) – RWTH, Aachen, 2004.

FUNES JUNIOR, H.; GONÇALVES, R. M.; GONÇALVES NETO, L. M.; AGUIAR, P. R.; BIANCHI, E. C. Análise da rugosidade em relação ao sentido de giro do dressador no processo de retificação centerless de passagem. *VI Congresso Nacional de Engenharia Mecânica*, Campina Grande, 2010.

GALLEGO, I. Intelligent centerless grinding: increasing precision and productivity. *Center for Materials Processing and Tribology Seminar*, 2007.

GONÇALVES NETO, L. M. *Estudo das correlações dos parâmetros e fenômenos do processo e retificação centerless de passagem com a circularidade da peça*. Dissertação (Mestre em Engenharia Mecânica) – Departamento de Engenharia Mecânica, Universidade de Taubaté, 2008.

GONÇALVES NETO, L. M. *Aplicação de fluido de corte em quantidades reduzidas para usinagem do aço SAE 52100 no processo de retificação centerless de passagem*. Tese (Doutorado em Ciência e Tecnologia de Materiais), Faculdade de Ciências, Universidade Estadual Paulista "Júlio de Mesquita Filho", Bauru, 2013.

GROOVER, M. P. *Fundamentals of modern manufacturing*: materials, processes, and systems. 4. ed. Hoboken: John Wiley & Sons, 2010.

HASHIMOTO, F.; GALLEGO, I.; OLIVEIRA, J. F. G.; BARRENETXEA, D.; TAKAHASHI, M.; SAKAKIBARA, K.; STALFELT, H. O.; STASDT, G.; OGAWA, K. Advances in centerless grinding technology. *CIRP Annals – Manufacturing Technology*, v. 61, p. 747-770, 2012.

HASSUI, A.; DINIZ, A. E. Correlation surface roughness and vibration on plunge cylindrical grinding of steel. *International Journal of Machine Tools & Manufacture*, v. 43, 2003.

HEINZEL, C. Methoden zur Untersuchung und Optimierung der Kühlschmierung beim Schleifen. Dissertation (Doktor-Ingenieur genehmigte) - Universität Bremen, 1999.

KLOCKE, F. *Fertigungsverfahren 2*: Zerspanung mit geometrisch unbestimmter Schneide. Berlim: Springer-Verlag, 2017.

KLOCKE, F.; KÖNIG, W. *Fertigungsverfahren*: Schleifen, Honen, Läppen. Düsseldorf: VDI Verlag, 2005.

KOETHER, R.; RAU, W. *Fertigungstechnik für Wirtschaftingenieure*. Munique: Carl Hanser Verlag, 2012.

KRAJNIK, P.; DRAZUMERIC, R.; MAYER, B.; KOPAC, J.; KLOCKE, F. Advanced regulating wheel dressing in throughfeed centerless grinding. *40th CIRP International - Manufacturing System Semanar*, 2007.

KUMAR, S.; YADAV, M.; AGRAWAL, P.; KHAN, M. Z.; VASHISTA, M. Assement of microhardness profile in grinding using Barkhausen noise technique at various analysis parameters. *ISRN Materials Science*, 2011.

LINKE, B. *Abrichteb Wirkmechanismen*, Folge 1 – Wer nicht konditionieren kann, braucht mit dem Schleifen gar nicht erst anzufangen. jan. 2008.

MACHADO, A. R.; ABRÃO, A. M.; COELHO, R. T.; SILVA, M. B. *Teoria da usinagem dos materiais*. São Paulo: Blucher, 2015.

MALKIN, S. *Grinding technology*: theory and aplication of machining with abrasives. Chichester: Ellis Horwood, 1989.

MALKIN, S., GUO, C. *Grinding technology*: theory and applications of machining with abrasives. Nova York: Industrial Press, 2008.

MARINESCU, I. D.; ROWE, W. B.; DIMITRV, B.; INASAKI, I. *Tribology of abrasive machining processes*. Norwich: William Andrew Publishing, 2004.

MEIS, F. U. *Geimetrische und Kinematische Grundlagen fuer das spitzenlose Durchlaufschleifen*. Dissertation - RWTH, Aachen, 1980.

MINKE, E. *Handbuch zur Abricht technick*. Affalterbach: Riegger Diamantwerkzeuge, 1999.

NOVASKI, O. *Introdução à engenharia de fabricação mecânica*. 2. ed. São Paulo: Blucher, 2017.

ODEBRECHT, O. *Dressamento de rebolos de óxido de alumínio microcristalino com dressadores fixos*. Dissertação (Mestrado em Engenharia Mecânica) - Universidade Federal de Santa Catarina, Florianópolis, 2003.

OIKAWA, M. H.; BIANCHI, E. C.; DESTRO, R. S.; SOUZA, R. M.; CANARIM, R. C.; SIMÕES, R. P.; AGUIAR, P. R. Cerâmicas avançadas no processo de retificação cilíndria externa de mergulho com rebolos diamantados com a técnica da mínima quantidade de lubrificação e refrigeração otimizada. *Ceramica*, v. 57, p. 263-273, 2011.

OLIVEIRA, J. F. G. *Tópicos avançados sobre o processo de retificação*. Escola de Engenharia de São Carlos, Universidade de São Paulo, São Carlos, 1989.

PEREZ, R. R. V. *Avaliação da técnica de limpeza da superfície de corte de rebolos na qualidade e produtividade de uma célula de retificação: um estudo de caso em ambiente de produção seriada*. Dissertação (Mestrado em Engenharia de Produção) - Universidade Metodista de Piracicaba, Santa Bárbara d'Oeste, 2015.

PFAFF, J.; WARHANEK, M.; HUBER, S.; KOMISCHKE, T.; HÄNNI, F.; WEGENER, K. Laser touch dressing of electroplated CBN grinding tool. *7th CIRP Conference on High Performance Cutting*, 2016.

REEKA, D. *On the relationship between the geometry of the grinding gap and the roundness error in centerless grinding*. Dissertation (Ph.D) – Tech. Hochschule, Aachen, 1967.

SCHMIDT, J. T.; SKEIE, K.; McINTIRE, P. (ed.). *Nondestructive Testing Handbook*. 2. ed. 1989. (Vol. 6: Magnetic Particle Testing)

SCHREITMÜLLER, H. *Kinematische Grundlagen fuer die Praktische Anwendung des Spitzenlosen Hochleistungsschleifens*. Dissertation - RWTH, Aachen, 1971.

SEIDEL, M.; ZÖSCH, A.; SEIDEL, C.; KORPUS, W.; PÖHLMANN, H.; EIGENMANN, B. Erzeugung und Charakterisierung von Ersatzfehlern zur zerstörungsfreien Schleifbrandprüfung. *DACH-Jahrestagung*, 2012.

SHAW, M. C. *Principles of abrasive processing*. Oxford: Clarendon Press, 1996.

SHIH, A. J. A new regulating wheel truing method for through-feed centerless grinding. *Journal of Manufacturing Science and Engineering - ASME*, v. 123/319, 2001.

SILVA JUNIOR, C. E., COELHO, R. T. Dressagem de rebolos para aplicações de precisão. *Máquinas e Metais*, n. 393, p. 100-111, 1998.

SLONIMSKI, W. I. Theorie und Praxis des spitzenlosenschleifesns. *VEB Verlag Technick*, Berlim, 1956.

SPANU, C. E.; MARINESCU, I. *Moderne Schleiftechnologie und Feinstbearbeitung*. Sttutgart: Vulkan Verlag, 2012.

TAWAKOLI, T. *Moderne Schleiftechnologie und Feinstbearbeitung*. Stuttgart: Vulkan Verlag, 2012.

TAWAKOLI, T; DANESHI, A. New kinematic in dressing of grinding wheels. *International Mechanical Engineering Congress & Exposition*, San Diego, 2013.

VIEIRA JR., M.; LIBARDI, R.; CANCILIERI, H. A.; LIMA, A. Como o calor pode afetar a integridade superficial das peças. *Revista Máquinas e Metais*, p. 28-36, fev. 1999.

WARNECKE, E.; WESTKÄMPER, H. J. *Einführung in die Fertigungstechnik*. Berlim: Springer-Verlag, 2001.

WEBSTER, J.; BRINKSMEIER, E.; HEIZEL, C.; WITTMAN, M.; THOENS, K. Assessment of grinding fluid effectiveness in continuous-dress creep feed grinding. *CIRP Annals*, v. 48, n. 2, p. 581-598, 2002.

WEBSTER, J. A.; GRÜN, P. Form und Position der Zuführdüsen beeinflussen die Schleifqualität. *MM - MaschinenMarkt*, 2009.

WEGENER, K.; HOFFMEISTER, H.-W.; KARPUSCHEWSKI, B.; KUSTER, F.; HAHMANN, W.-C.; RABIEY, M. Conditioning and monitoring of grinding wheels. *CIRP Annals – Manufacturing Technology*, v. 60, p. 757-777, 2011.

WEINGAERTNER, W. L. Desenvolvimento de rebolos superabrasivos. *Revista Máquina e Metais*, ano XLIV, n. 503, dez. 2007.

WINTER, M. *Eco-efficiency of grinding process and systems*. Sustainable production, life cycle engineering and management. Genebra: Springer, 2016.

ZAKHAROV, O. V. Guide wheels of centerless grinding machines. *Russian Engineering Research*, v. 29, n. 4, 2009.

Impressão e Acabamento
Bartiragráfica
(011) 4393-2911